德国肉用美利努羊(公)

德克赛尔羊(公)

同 羊(公)

阿勒泰羊(公)

乌珠穆沁羊(公)

南江黄羊(公)

波尔山羊(公)

波尔山羊(母)

小尾寒羊(公)

单列式肉羊舍

双列式羊舍

运动场

科技兴农富民培训教材

肉羊高效养殖教材

编著者

曹玉凤　李建国　王志刚　杨家栋

金盾出版社

内 容 提 要

为了贯彻党中央关于加强农民技术培训的指示精神，帮助农民更好地依靠科技致富奔小康，金盾出版社与河北农业大学科教兴农培训中心共同策划，选择农民致富最常见的农业技术项目，约请热心农技推广的专家、教授编写，出版了这套“科技兴农富民培训教材”，共20分册。该套教材从现阶段农村技术需求和农民的文化技术基础出发，较好地体现了农村短期技术培训的特点和金盾版农业图书通俗、实用、价廉的特色。这套教材的出版得到了河北省扶贫开发办公室和联合国教科文组织国际农村教育研究与培训中心的热情支持。

本书是这套培训教材的一个分册，内容包括：肉羊的主要品种、肉羊的繁殖技术、肉羊的饲料、肉羊的饲养管理与育肥技术、肉羊的卫生防疫措施和肉羊舍建造与设施。语言通俗易懂，技术简明实用。适合作为科技下乡的培训教材和农民自学读本。

图书在版编目(CIP)数据

肉羊高效养殖教材/曹玉凤等编著. —北京：金盾出版社，2005.4

(科技兴农富民培训教材)

ISBN 978-7-5082-3489-2

Ⅰ. 肉… Ⅱ. 曹… Ⅲ. 肉用羊-饲养管理-技术培训-教材 Ⅳ. S826.9

中国版本图书馆 CIP 数据核字(2005)第 004861 号

金盾出版社出版、总发行

北京太平路5号(地铁万寿路站往南)

邮政编码：100036 电话：68214039 83219215

传真：68276683 网址：www.jdcbs.cn

彩色印刷：北京百花彩印有限公司

黑白印刷：北京兴华印刷厂

装订：双峰装订厂

各地新华书店经销

开本：787×1092 1/32 印张：4 彩页：4 字数：82千字

2009年4月第1版第4次印刷

印数：29001—59000册 定价：6.50元

致　辞

世界二分之一以上的人口以及三分之二以上的贫困人口生活在农村地区。中国是世界上农业人口最多的国家，据2000年11月1日普查，乡村人口占63.91%。中国政府始终把农民脱贫致富看作是关系到国民经济能否持续、稳定发展的大问题。

近几十年来，中国农村中小学教育的发展，使农村劳动力的受教育水平有了显著的提高，但与城市居民相比，中国农民受教育程度总体上还不高，科学文化素质较低。随着农业经济的发展，农民迫切希望获得有关经济作物种植技术、农产品加工、家畜饲养等多方面的科技知识。而那些渴望摆脱贫困走向富裕的农民，更是急切地企盼通过便捷的学习新科学技术的途径，迅速发家致富。但他们缺乏与农业技术推广部门的沟通，也很少有机会得到专项培训和与公共服务部门的接触。

当前中国农业推广事业的发展，还没能使技术在农民增收中发挥最大作用，“科技兴农富民培训教材”系列图书的出版，为农民培训提供了丰富而可供选择的教材，使广大农民能够从中学到既先进又实用的新知识、新技术、新信息，这是一件提高农民素质，引导农民科学经营农业，不断增加收入的基础性、公益性益举。

国际农村教育研究与培训中心是中国政府和联合国教科文组织合作建立在中国的国际教育机构。自1994年成立以来，始终致力于农村教育思想、方法、技术的国际研究与传播，促进教科文各会员国之间对农村地区人力资源开发政策和战略的磋商与合作。河北农业大学科教兴农中心一直是我们密切合作的伙伴。他们情系农民、农村，心系农业创新与发展，始终如一。现在他们组织的“科技兴农富民培训教材”出版了，可喜可贺。愿该系列图书不仅给中国也给其他可适用国家和地区的农民带来切实的经济效益。

联合国教科文组织
国际农村教育研究与培训中心

2004 年 12 月 30 日

序

当前,我国已经进入建设全面小康社会和加快推进社会主义现代化建设新的历史时期。解决好“三农”问题,直接关系经济社会的持续、快速、健康发展。党中央、国务院高度重视“三农”工作,把解决好“三农”问题作为全党和全部工作的重中之重,制定了一系列惠农政策,实行城乡统筹,加大对“三农”的投入力度。

农民增收是“三农”问题的核心。增加农民收入,必须大力拓宽农民就业渠道,加快农民向非农产业转移步伐,逐步减少农民数量。加强农民培训,使广大农民尽快掌握科技文化知识和生产技能,提高农民素质,是扩大农民就业、实现农民增收的重要途径。当前,科技发展日新月异,科技进步对推动经济社会发展的作用日趋突出。增强农业农村经济市场竞争力,推进农村小康建设,必须加大农业科技推广力度,促进科技进村入户,提高农民运用科技增收致富的本领。

河北省扶贫开发办公室和河北农业大学联合组织编写的这套《科技兴农富民培训教材》系列丛书,以培训农民为对象,以种植业、养殖业致富实用技术为重点,通俗易懂,简便易行,针对性、实用性、可操作性都很强，是农民脱贫致富的金钥匙。丛书的出版发行，对我省农业、农村经济发展必将起到有力的推动作用。

预祝“丛书”的出版发行取得圆满成功。

2005年3月16日

注：宋恩华同志现任河北省人民政府副省长

通讯地址：河北省保定市河北农业大学科教兴农中心
邮政编码：071001
咨询电话：0312—7521224

目　录

第一章　主要的肉羊品种

所有的绵羊、山羊品种都可用于产肉，但不同品种产肉效率却大不相同。要实现高效益生产羊肉，选择适合当地自然条件、饲养管理条件的高生产性能肉羊品种，并对其进行有效的利用是至关重要的。

专用肉羊品种要求体格大，整个躯体长、宽、深，皮肤薄而宽松，为疏松细致型体质。头短宽，颈粗短而呈圆形；鬐甲部宽平；背部和腰部长、平直且宽；胸部宽、深而浑圆；肋骨发达且开张良好；臀部丰满、厚实；四肢细短，但端正有力；两后腿之间(裆部)呈明显的倒"U"字形。此外，要求肉用品种的母羊应具备四季发情、产羔率高、泌乳力强等特点；肉用品种的羔羊应具有生长速度快、饲料报酬高、早熟、屠宰率高等特点。

一、引入我国的主要肉羊品种

(一)引入我国的主要绵羊品种

1. 无角陶赛特羊　原产于澳大利亚和新西兰，属肉毛兼用半细毛羊。

(1)外貌特征　公、母羊均无角，颈粗短，胸宽深，背腰平直，躯体呈圆桶状，后躯丰满，四肢粗短，面部、四肢及蹄白色，被毛全白色。

(2)生产性能　成年公羊体重85～115千克，母羊55～80千克。剪毛量2～3千克，毛长7.5～10厘米，毛细48～58支。胴体品质和产肉性能好。有全年繁殖的能力，产羔率

120%～160%，是安排全年均衡生产羔羊肉的理想品种之一。该品种具有早熟、生长发育快、全年发情、耐热及适应干燥气候的特点。

2. 萨福克羊 原产于英国东南部萨福克州，为世界大型肉羊品种。

(1)外貌特征 公、母羊均无角，头和四肢为黑色，被毛白色，但常混有黑纤维。体型较大，头较长，耳长，颈长而粗，胸宽，背腰和臀部宽而平，肌肉丰满，后躯发育好。

(2)生产性能 成年公羊体重120～140千克，母羊70～90千克，羔羊出生重4.5～6千克，断乳前日平均增重330～400克，4月龄体重47.5千克，屠宰率55%～60%。胴体中脂肪含量低，肉质细嫩，肌肉横断面呈大理石样花纹。周岁母羊开始配种，可全年发情，产羔率130%～170%。公、母羊剪毛量相应为5～6千克和2.5～3千克，毛长8～9厘米，细度50～58支，净毛率60%。该品种早熟，生长发育快，产肉性能好，母羊母性好，产羔率中等，在世界各国肉羊生产体系中多被用做经济杂交的终端父本，生产肥羔。

3. 夏洛莱羊 原产于法国中部的夏洛莱地区。为世界大型肉羊品种。

(1)外貌特征 公、母羊均无角，头部无绒毛，呈粉红色或灰色。额宽，两眼眼眶距离大，耳大，体躯长，胸宽而深，肩宽而厚，背腰肌肉丰满，臀部宽大，后腿裆宽，肌肉发达。体躯呈圆桶状，四肢短而粗，肢势端正，肉用外貌非常典型。被毛同质，白色。

(2)生产性能 成年公羊体重110～140千克，母羊80～100千克，母羊泌乳性能好，羔羊生长发育快，10～30日龄单胎公、母羔日增重为300克和287克，双胎公、母羔253克和

236克，羔羊70日龄体重可达26～27千克，双羔达22～23千克。屠宰率55%以上。毛长5～7厘米，细度56支，剪毛量公羊4～5千克、母羊3～3.5千克。母羊性成熟早，80%在7月龄时配种，初产羊产羔率平均为141%，经产羊175%～192%。是生产肥羔的优良品种。

4. 德国肉用美利努羊 原产于德国萨克森地区。属于肉用细毛羊。

(1)外貌特征 公、母羊均无角，颈部及体躯均无皱褶；体格大，胸宽深，背腰平直，肌肉丰满，后躯发育良好；被毛白色，密而长，弯曲明显。

(2)生产性能 成年公羊体重90～100千克，母羊60～65千克。4月龄屠宰胴体重18～22千克，屠宰率47%～49%，日增重为300～350克。该羊性成熟早，繁殖能力强，1周岁可配种，产羔率为150%～250%，羔羊成活率高。毛密而长，弯曲明显。毛长公羊8～10厘米，母羊6～8厘米。剪毛量公羊7～10千克，母羊4～5千克。净毛率40%～50%。该品种对气候干燥、降水少的地区有良好的适应能力，且耐粗饲。

5. 德克赛尔羊 原产于荷兰。

(1)外貌特征 全身白色，体格大，体躯深而丰满，背腰平直、宽，肌肉丰满，后躯发育良好；体质结实。

(2)生产性能 成年公羊体重110～140千克，母羊70～90千克。羔羊生长快，在较好的草原放牧条件下，断乳前日均增重330～425克，4～5月龄体重可达40～50千克，6～7月龄体重达50～60千克，屠宰率55%～60%，为世界著名的高瘦肉率羊，肉质细嫩，肌肉横断面呈大理石样花纹。性成熟早，母羊7～8月龄可配种，繁殖能力强，可全年发情，产羔率150%～170%。剪毛量5～6千克，毛长10～15厘米，细度

50～60 支。

6. 杜泊羊 原产于南非。

(1)外貌特征 呈典型的桶状，无角，头部有白头和黑头之分，其余部位均为白色，腹部有明显的干死毛。成年羊颈粗短，肩宽厚，背腰直，肋骨拱圆，前胸丰满，后躯肌肉发达，四肢强健。

(2)生产性能 成年公羊和母羊的体重分别为 120 千克和 85 千克。杜泊羊不受季节限制，可常年繁殖，一般产羔率能达到 150%，母性好，产奶量多。杜泊羊具有早期放牧能力，生长速度快，日增重可达 300 克以上，3.5～4 月龄羔羊活重约为 36 千克，胴体重 16 千克左右，肉中脂肪分布均匀，为高品质胴体。杜泊羊适应性极强，采食性广、不挑食，能够很好地利用低品质牧草。能够自动脱毛是杜泊羊的又一特性。

(二)引入我国的主要山羊品种

波尔山羊 原产于南非亚热带干旱地区，是世界著名的山羊品种。

1.外貌特征 被毛白色，头颈为红褐色，从额中至鼻端有 1 条白色毛带。头粗壮，耳大下垂，前额隆起。公羊角较宽且向上向外弯曲，母羊角小而直。颈粗厚，四肢较短。皮肤松软，有较多的皱褶，毛短而有光泽。该羊具有良好的肉用体型，体躯呈圆桶状，背腰宽厚而平直，前胸较宽，后躯发达，臀部和大腿肌肉丰满。

2.生产性能 成年公羊体重 90～100 千克，母羊 65～75 千克。羔羊初生重 3.2～4.3 千克，3 月龄断奶重公、母羔平均为 21.9 千克和 20.5 千克。羔羊生长速度快，6 月龄内日增重为 225～255 克。肉用性能好，屠宰率 50%～60%。羔羊平均胴体重 15.6 千克。肉质细嫩，肌肉横断面呈大理石样花纹。该品种繁殖性能好，6月龄性成熟，母羊一年四季都可发情配种，秋季为性活动高峰期，春羔当年可配种，1年产2胎或2年产3胎。初产母羊产羔率150%，经产母羊产羔率220%。

二、我国产肉性能较好的肉羊品种

（一）主要绵羊品种

1. 小尾寒羊 产于河北、山东及河南等省。

（1）外貌特征 小尾寒羊四肢较长，体躯高大，前后躯都较发达。脂尾短，一般都在飞节以上。公羊有角，呈螺旋状；母羊半数有角，角小。头、颈较长，鼻梁隆起，耳大下垂。被毛为白色，少数在头部及四肢有黑褐色斑点、斑块。

河北小尾寒羊体格中等，公、母羊均无角，毛色纯白，毛质好，干死毛少。

山东小尾寒羊体格高大，公、母羊一般均有角，短脂尾，毛色纯白，毛分为同质型、粗毛型和裘皮型，粗毛型含干死毛多。

（2）生产性能 成年公、母羊平均体重分别为94.1千克和48.7千克；3月龄公、母羔平均断奶重可达20.8千克和17.2千克。公、母羊年平均剪毛量分别为3.5千克和2.1千克，净毛率为63%。周岁前生长发育快，具有较大的产肉潜力。正常放牧条件下，日增重公羔160克，母羔115克。改善饲养条件下，日增重可达200克以上。3月龄羔羊平均胴体重8.49千克，净肉重6.58千克，屠宰率为50.6%，净肉率为39.21%；周岁公羊宰前活重平均72.8千克，平均胴体重40.48千克，净肉重33.41千克，屠宰率和净肉率分别为55.6%和45.89%。小尾寒羊性成熟早，母羊5～6月龄发情，公羊7～8月龄可配种。母羊全年发情，可一年两产或两年三产，产羔率平均261%。剪毛量，成年公羊平均为3.5千克，成年母羊2.1千克，净毛率63%。

河北型公羊体高67厘米，母羊61厘米；体重相应为42～50千克和37千克；剪毛量为2.8千克和2.4千克；当年公羊屠宰率55%，净肉率43.6%；第一胎产羔率150%，第二胎170%，第三胎197%，第四胎210%。

山东小尾寒羊体型大，公羊体高90～105厘米，母羊75～80厘米；公羊体重100～150千克，母羊60千克；周岁公羊体重80千克左右；剪毛量为2.1～3.5千克；周岁羊屠宰率55.6%，净肉率46%。

(3)品种特性与利用　小尾寒羊适于小群放牧和舍饲，不适宜大群放牧和爬坡远牧。具有早熟性、产羔多、生长发育快、体重大、肉质好、羊毛及裘皮品质好、耐粗饲及舍饲的特性。因此，小尾寒羊是我国发展肉羊生产或引用肉羊品种杂交培育肉羊品种优良的母本。

2. 大尾寒羊　产于河北、山东、河南等省。由于该品种绵羊不仅产于两个并不相连的地区，而且也未有过大量的引种，再加上饲养及繁殖方法又有许多的不同，所以在外貌特征和生产性能上存在许多差异。

(1)外貌特征　产于河北、山东的公、母羊均无角，产于河南的公、母羊均有角。鼻梁隆起，耳大下垂，前躯发育较差，后躯较好。四肢粗壮，蹄为蜡黄色。脂尾肥大，长过飞节，甚至拖到地面。尾尖向上翻，紧贴于尾中沟部。毛色纯白，干死毛极少。毛可分为同质型、异质型和裘皮型。

(2)生产性能　产于河南的公羊体高71～74厘米，母羊体高64～66厘米；公羊尾长39～64厘米、尾宽35～40厘米，母羊相应为32～34厘米和23～32厘米；公羊体重72千克

(高者达105千克)，母羊52千克。产于河北、山东的大尾寒羊体型较小，公羊体重60千克左右，母羊36千克左右。尾重，公羊15～20千克(高者达35千克)，母羊4～6千克(高者达10千克以上)；公羊产毛量1.8～4.8千克，母羊0.5～4.3千克。裘皮品质好，毛股洁白，花穗清晰，弯曲明显。周岁公羊屠宰率为55%～64%，净肉率46%～48%。大尾寒羊性成熟早，母羊一般为5～7月龄，公羊为6～8月龄。母羊初配年龄10～12月龄，公羊16～24月龄。全年发情，可一年两产或两年三产。产羔率为185%～205%。

(3)品种特性与利用　两地大尾寒羊都具有早熟性、产羔多、生长发育快、肉质好、裘皮品质好、耐粗饲及舍饲的特性。因此，大尾寒羊适用于作为杂交肉羊生产母本的优良品种。

3. 阿勒泰羊　主要产于新疆北部的福海、富蕴、青河等县。

(1)外貌特征　该品种体格高大，耳大略垂。鼻梁稍隆起，公羊隆起较甚。公羊有较大的螺旋状角，母羊多数有角且小。胸宽深，背腰平直，后躯较前躯高，大腿肌肉丰满。四肢高大结实。脂尾呈方圆形，被覆短而深的毛，脂尾下缘正中部有浅纵沟，将脂尾分成对称的两半。被毛异质，颜色以棕红色为主，部分个体头呈黄色或黑色，体躯多有花斑，纯黑和纯白较少。

(2)生产性能　成年公羊体重93千克，母羊68千克。据测定，羔羊生长发育快，5月龄羔羊宰前重37.7千克，平均胴体重19.54千克，屠宰率51.8%。成年羯羊宰前重平均为74.7千克，胴体重39.5千克，屠宰率52.88%，臀脂占胴体重的17.95%。产羔率为100%～110%。阿勒泰大尾羊的毛质量较差，毛色混杂。

(3)品种特性与利用　该品种具有生长发育快、抓膘能力强的特点，但繁殖率低，需要引入早熟性好的肉羊品种和繁殖力高的品种做父本，开展肥羔生产和品种改良。

4. 乌珠穆沁羊 产于内蒙古锡林郭勒盟的乌珠穆沁草原。

(1)外貌特征 该品种体格较大，公羊多数有半螺旋状角，母羊多数无角。鼻梁隆起，额稍宽，耳大下垂或半下垂。体躯长，四肢粗壮，全身骨骼坚实，结构匀称，背腰宽，肌肉丰满，肉用体型明显。毛色混杂，被毛纯白色者少，多为黑头或头颈部黑色。脂尾厚而肥大，呈椭圆形。尾的正中线出现纵沟，脂尾分成左右两半。

(2)生产性能 公羊体高 71 厘米，母羊 65 厘米。公羊体重 74 千克，母羊 58 千克。生长发育快，6 月龄公羊体重 33.25～50 千克，母羊 25～40 千克。剪毛量，公羊 1.3～2.4 千克，母羊 0.9～1.7 千克；含干死毛，公羊 30%，母羊 9%。放牧条件下，6 月龄羔羊宰前体重平均 35 千克，屠宰率 50%，净肉率 33%。周岁成年羊屠宰率 54%，净肉率 37%，产脂肪 5.9 千克；1 年 1 胎，产羔率 100%。

(3)品种特性与利用 乌珠穆沁羊适于天然草场终年大群放牧，耐粗饲，对寒冷地区有良好的适应性。抓膘能力强，最高日增重可达 500 克，为优良肉脂用羊。

5. 同羊 原产于陕西渭南、咸阳两地区北部各县。

(1)外貌特征 体格中等，全身被毛纯白，公、母羊均无角，部分公羊有栗状角痕，颈长，部分个体颈下有 1 对肉垂。体躯略显前低后高，鬐甲较窄，胸部较宽而深，肋骨拱张良好。公羊背部稍凹，母羊短直且较宽。腹部圆大。尻斜而短，母羊较公羊稍长而宽。尾的形状不一，但多有尾沟和尾尖，90%以上的个体为短脂尾。

(2)生产性能　成年公羊体重44千克，成年母羊39.16千克。年平均剪毛量成年公、母羊分别为1.42千克和1.17千克，净毛率55%。屠宰率公羊为47.1%，母羊为41.7%。母羊一般一年一产、一胎一羔，产羔率103%。

(3)品种特性与利用　同羊肉肥嫩多汁，瘦肉绯红，脂白如玉。同羊羔皮洁白如玉，具有珍珠样卷曲，花案美观，有"珍珠皮"的美誉。目前在同羊外围产区，与小尾寒羊杂交，其生产性能接近小尾寒羊。

(二)主要山羊品种

1. 南江黄羊　产于四川省南江县，是采用多品种复杂杂交，并经多年选择和培育而成，是目前我国山羊品种中产肉性能较好的品种。

(1)外貌特征　具有典型的肉用羊体型。体格较大，背腰平直，后躯丰满，体躯呈圆桶状。大多数公、母羊有角，头型较大，颈部较粗。被毛呈黄褐色，面部多呈黑色，鼻梁两侧有1条浅黄色条纹，从头顶部至尾根沿背脊有1条宽窄不等的黑色毛带，前胸、颈、肩和四肢上端着生黑而长的粗毛。

(2)生产性能　成年公羊平均体重67千克，母羊45千克。6月龄公羔体重为16～21千克，母羔15～19千克；周岁公羊体重为32～38千克，母羊28千克；产肉性能好，在放牧无任何补饲条件下，6月龄宰前体重21.3千克，胴体重9.6千克，屠宰率45.1%，净肉率29.63%。周岁体重25.9千克，屠宰率48.6%，成年羯羊宰前体重54.1千克，屠宰率55.7%，且肉质细嫩，蛋白质含量高，膻味轻。南江黄羊板皮面积宽大，成年羊可达11 000平方厘米，而且板面平整，厚薄均匀，质地柔软，富有弹性。性成熟早，母羊6月龄可配种，终年发情，可一年两产，平均产羔率207.8%。

(3)品种特性与利用　生长发育快，四季发情，繁殖力高，泌乳性能好，抗病力强，采食性能好，耐粗饲，适应能力强。是适于山区放养的肉用型山羊新品种。

2. 马头山羊　产于湖南、湖北省。

(1)外貌特征　体格较大，体躯呈长方形，公、母羊无角，两耳向前略下垂，有髯，颈下多有 1 对肉垂。公羊颈粗短，母羊颈较细长，前胸发达，背腰平直，后躯发育良好，尻略斜。被毛短而粗，有光泽，冬季有少量绒毛，额、颈部和后腿部以及腹侧长有长粗毛。被毛以白色为主，也有黑色、麻色和杂色的。因无角，故称为马头山羊。

(2)生产性能　成年公羊体高 61.6 厘米，母羊 54.7 厘米，体重分别为 44 千克和 34 千克。羔羊生产发育快，可做肥羔生产。羯羔在放牧和略有补饲条件下，7 月龄时体重可达 23.31 千克，胴体重 10.53 千克，屠宰率 45.17%。成年羯羊体重 47.4 千克，屠宰率 62.6%，净肉率 44.5%。肉呈赤色，味美，膻味小。皮板张幅大，弹性好。羊毛为制毛笔和毛刷的原料。性成熟早，一般为 4～5 月龄。初配年龄为 10 月龄。母羊全年发情，以 3～4 月份和 9～10 月份发情旺盛。一年两产或两年三产，多产双羔，产羔率 200%左右。母羊泌乳性能好。

(3)品种特性与利用　具有早熟、繁殖力高、产肉性能和板皮品质好的特性，应加强系统选育。适用于作为杂交肉羊生产母本的肉用山羊品种。

3. 牛腿山羊　产于河南省西部鲁山县四棵树一带山区。

(1)外貌特征　该品种为长毛型白山羊，体格较大，体质结实，结构匀称，骨骼粗壮，肌肉丰满，具有典型的肉用羊特征，侧视呈长方形，正视近似圆桶状。头短额宽，公、母羊多数有角，以倒“八”字形为主。颈短而粗，肩颈结实良好，胸部宽深，肋骨开张良好，背腰平宽，腹部紧凑，后躯肌肉丰满，四肢粗壮，肢势端正。

(2)生产性能　成年公、母羊平均体重分别为46.1千克和33.7千克；周岁公、母羊体重为23千克和20.6千克。周岁羯羊屠宰率46.02%，成年羯羊为54.64%。牛腿山羊板皮质量较好，面积大而厚实，整张均匀度良好，是制革业的上等原料。牛腿山羊性成熟早，一般为3～4月龄。母羊全年发情，以春、秋两季旺盛。母羊初配年龄为5～7月龄，一般可一年两胎或两年三胎，产羔率平均为111%。

(3)品种特性与利用　生长发育快，性成熟早，但产羔率低，母羊产双羔者极少。因此，在发展杂交肉羊生产中，不应考虑作为母本，可考虑作为父本。

思考题

1. 引入我国的肉羊品种有哪些？

2. 我国产肉性能较好的绵羊、山羊品种有哪些？

第二章 肉羊的繁殖技术

肉羊繁殖技术是依据肉羊繁殖的基本规律，采用肉羊繁殖新技术，有效地控制、干预肉羊繁殖过程，使肉羊根据生产要求和市场需要有计划地进行高效率繁殖。

一、肉羊繁殖规律和特点

（一）性成熟、体成熟和初配适龄

1. 性成熟 指公、母羊的羔羊随着年龄和体重的增加，其生殖器官基本发育完全，具有正常繁衍后代的能力。也就是说如果此时公、母羊进行交配，母羊能够妊娠，产生后代。母羊性成熟的年龄一般为 6～10 月龄，公羊为 5～8 月龄，此时公、母羊体重为成年羊体重的 40%～60%。应当注意，性成熟的羊尽管具有正常繁殖的能力，但不宜立即进行繁殖。因为此时其生殖器官和机体其他器官都还处于生长发育之中，过早配种会阻碍机体的正常发育，也对后代体质和生产性能产生不利影响。

2. 体成熟和初配适龄 指羊体基本达到生长完成的时期。从性成熟到体成熟要经过一定的时间。早熟品种一般为 8～10 月龄，晚熟品种为 12～15 月龄。体成熟的体重约为成年羊体重的 70%。

体成熟的羊应抓紧配种，因为过迟配种，则会降低羊的利用价值和经济效益。生产中应提倡适时配种。肉羊初配适龄，早熟品种为 8～12 月龄，晚熟品种为 12～18 月龄。

（二）发情与发情周期

发情是母羊的一种性活动现象，发情周期是指母羊性活动表现为周期性。

1. 正常发情 母羊表现出兴奋不安，对外界的刺激反应敏感，常鸣叫，举尾弓背，频频排尿，食欲减退，放牧的母羊离群独自行走。喜主动寻找和接近公羊，愿意接受公羊交配，并摆动尾部，后肢岔开，后躯朝向公羊，当公羊追逐或爬跨时站立不动。母羊外阴部充血、肿胀、松软，阴蒂充血勃起。阴道粘膜充血、潮红、湿润并有粘液分泌。发情初期粘液分泌量少且稀薄透明，中期粘液增多，末期粘液稠如胶状且量较少。

2. 异常发情 母羊异常发情多见于初情期后、性成熟前以及繁殖季节开始阶段，也有因营养不良、内分泌失调、疾病以及环境温度突然变化等引起异常发情。

（1）安静发情 由于雌激素分泌不足，发情时缺乏明显的发情表现。卵巢上卵泡发育成熟但不排卵。

（2）短促发情 由于发育的卵泡迅速成熟并破裂排卵，也可能卵泡突然停止发育或发育受阻而缩短了发情期。如不注意观察，就极容易错过配种期。

（3）断续发情 母羊发情延续时间很长，且发情时断时续，常发生于早春及营养不良的母羊。其原因是排卵功能不全，以致卵泡交替发育，如果调整饲养管理并加强营养，母羊可以恢复正常发情，就有可能正常排卵，配种也可受孕。

（4）孕期发情 绵羊大约有3%怀孕中期的母羊有发情现象。其主要原因是由于激素分泌失调，怀孕黄体分泌孕酮不足，而胎盘分泌雌激素过多所致。母羊在怀孕早期发情，卵泡虽然发育，但不发生排卵。

3. 发情周期 相邻两次发情的间隔时间为一个发情周

期。绵羊的发情周期为14～19天,平均为17天;山羊的发情周期为18～24天,平均为21天。一个发情周期可分为发情前期、发情期、发情后期和休情期。在发情前期,母羊卵巢上开始有卵泡发育,但母羊并不表现发情征候,无性欲表现。发情期,又叫发情持续期,此期卵泡发育很快并能达到成熟。母羊表现强烈的性兴奋,食欲减退,喜接近公羊或在公羊追逐与爬跨时站立不动。外阴充血肿胀,有粘液从阴门流出。母山羊发情表现尤为明显。此期持续时间绵羊为30小时左右,山羊为24～48小时。发情后期,卵子排出并开始形成黄体,母羊性欲减退,生殖器官发情征候逐渐消失,不再接受公羊交配。休情期为下次发情到来之前的一段时期,母羊精神状态正常,生殖器官的生理状态稳定。

4. 母羊发情鉴定 发情鉴定的目的是及时发现发情母羊,正确掌握配种或人工授精时间,以防漏配、误配而降低受胎率和产羔率。肉用母羊发情鉴定主要有外部观察法、试情法和阴道检查法。一般专业户常用前两种方法。

(1)外部观察法 绵羊发情时间短,外部表现不大明显,判断发情时要细致观察,当发情母羊喜欢接近公羊,并强烈摆动尾部,在公羊靠近或爬跨时站立不动,外阴部分泌少量粘液等状况时,即可确定为发情。山羊发情表现明显,发情母山羊兴奋不安,食欲减退,反刍停止,大声鸣叫,强烈摇尾。外阴部及阴道充血、肿胀、松弛,并排出或流出大量粘液。

(2)试情法 试情公羊应挑选2～4岁身体健壮、性欲强的个体。试情公羊的头数为母羊数的3%～5%。试情公羊处理可采用试情布法、切除输精管法、睾酮处理羯羊等,现介绍前两种方法。

①试情布法 取长60厘米、宽40厘米的细软白布1块,

四角缝上布带，拴在试情公羊腰部，将阴茎兜住，不影响公羊行动和爬跨，照常射精，但精液被试情布兜住，不能与母羊直接交配。每次试情完毕，要及时解下试情布，洗净晾干。

②切除输精管法　选择1～2岁健康公羊，在4～5月份进行手术切除输精管。手术成功的话，公羊2～3天即可恢复性欲和正常爬跨行为。刚术后恢复的试情羊，由于输精管内残存的精子完全排净需要6周的时间，所以在此之前要避免公羊接触母羊。为确保不发生错配，正式试情前最好采精1次，检查精液中有无精子存在。一切无误后，方可正式用于试情。

5. 受精与妊娠　受精是精子进入卵子形成受精卵的过程。为保证精卵具有旺盛的受精能力，母羊最佳输精时间或配种时间应是发情开始后的12～14小时。妊娠是指受精卵发育成为胎儿并成熟后排出体外的过程。此段时间为妊娠期，母羊妊娠期为5个月，变动范围为144～159天。

二、母羊发情控制技术

发情控制技术包括同期发情技术和诱导发情技术。同期发情技术是通过人为干预母羊自然发情周期，实现群体母羊发情同期化。诱导发情技术是对处于非繁殖季节（乏情季节）的母羊通过特殊处理，人工诱导其发情并排卵。

（一）同期发情技术

1. 药物诱发同期　诱导同期发情常用方法有孕激素阴道栓塞法和前列腺素注射法两种。

(1)孕激素阴道栓塞法　将孕激素阴道栓放置于母羊子宫颈外口处，绵羊放置12～14天、山羊放置16～18天后，取出阴道栓，2～3天后处理母羊发情率可达90%以上。阴道栓可以使用厂家的现成产品，也可以自制。自制阴道栓的方法是取1块海绵，截成直径和厚度均为2～3厘米的小块，拴上35～45厘米长的细线，每块海绵浸吸一定量的孕激素制剂的溶液(孕激素与植物油相混)即成。常用的孕激素种类和剂量为：孕酮150～300毫克，甲孕酮50～70毫克，甲地孕酮80～150毫克，18甲基-炔诺酮30～40毫克，氟孕酮20～40毫克。

可用送栓导入器将阴道栓送入母羊阴道内。送栓导入器由一外管和推杆组成(图2-1)。外管前端截成斜面，并将斜面后端的管壁挖一缺口，以便于用镊子将海绵栓置于外管前端。

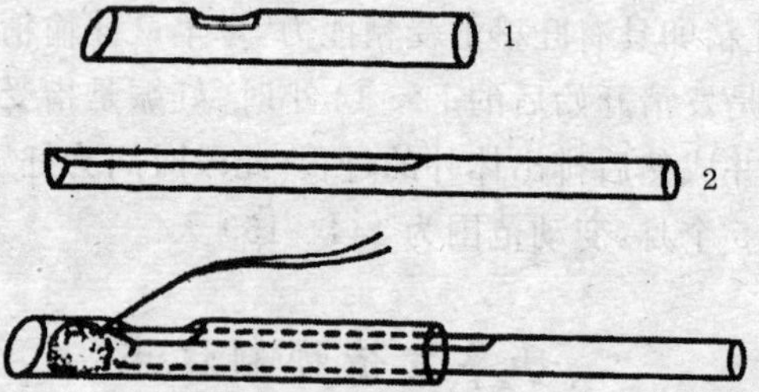

图2-1 送栓导入器

1. 外管 2. 推杆 3. 装海绵栓的导入杆

推杆略长于外管，前部削成一个平面，以防送栓时推杆将阴道栓的细线卡住。埋栓时，将送栓导入器浸入消毒液消毒，将阴道栓浸入混有抗生素的润滑剂(经高温消毒的食用植物油)中使之润滑，然后用镊子从导入管前端之后的缺口处将阴道栓放入导入管前端，细线从导入管前端之后的缺口处引出置于管外，将推杆插入导入管，使推杆前端和海绵栓接触。保定母羊呈自然站立姿势，将外管连同推杆倾斜20°角，缓缓插入阴道内10～15厘米处，用推杆将阴道栓推入子宫颈外口处。将导入管和推杆一并退出，细线引至阴门外，外留长度 15～20 厘米。如果连续给母羊埋栓，外管抽出浸入消毒液消毒后可以继续使用。

也可使用肠钳埋栓。将母羊保定后，用开膣器打开阴道，用肠钳将蘸有抗生素粉的自制阴道栓放入阴道内 10～15 厘米处，使阴道栓的线头留在阴道外即可。幼龄处女羊阴道狭窄，应用送栓导入器有困难，可以改用肠钳，甚至用手指将阴道栓直接推入。

埋栓时，应当避免现场尘土飞扬，以免污染阴道栓。母羊埋栓期间，若发现阴道栓脱落，要及时重新埋植。撤栓时，用手拉住线头缓缓向后、向下拉，直至取出阴道栓，或用开膣器打开阴道后，用肠钳取出。撤栓时，阴道内有异味粘液流出，属正常情况，如果有血、脓，则说明阴道内有破损或感染，应立即使用抗生素处理。取栓时，阴门不见有细线，可以借助开膣器观察细线是否缩进阴道内，如见阴道内有细线，可用长柄钳夹出。遇有粘连的，必须轻轻操作，避免损伤阴道，撤栓后用 10 毫升 3％土霉素溶液冲洗阴道。

(2)前列腺素注射法　母羊间隔 10～14 天，连续注射两次前列腺素，每次注射剂量为 0.05～0.1 毫克，第二次注射后 2～3 天母羊发情率可达 90％以上。

为提高同期发情母羊的配种受胎率，可于配种时肌注适量的促排 3 号或促黄体素。

2. 公羊效应　将公、母羊在繁殖季节分群隔离饲养 1 个月之后再混群饲养，大多数母羊在放进公羊后 24 天，母山羊为 30 天可表现发情。此法较药物诱导发情的同期化程度低，但由于方法简单，不增加药费开支，故也可作为同期发情的一种实用技术。

（二）诱导发情技术

在母羊乏情季节，使用外源生殖激素，可诱导母羊发情。这样可以使母羊提前配种受孕，从而缩短产羔间隔。对于季节性或生理性乏情的母羊，诱导其发情可用孕马血清促性腺激素并结合孕激素激发乏情母羊卵巢功能的活动。方法是将孕激素阴道栓放置于母羊子宫颈外口处，绵羊放置12～14天、山羊放置16～18天后，于撤栓前2天肌注孕马血清促性腺激素300～500单位，于撤栓的同时肌注前列烯醇0.05毫克，处理母羊发情率可达90%以上。为提高诱导发情母羊的配种受胎率，可于配种时肌注适量的促排3号或促黄体素。

需要注意的是，单纯给母羊注射雌激素，如雌二醇、雌酮、雌三醇，虽然也可以诱导乏情母羊有发情表现，但不能使其排卵。

对由于持久黄体抑制卵泡发育而表现乏情的母羊，可给其注射前列烯醇溶解持久黄体，使黄体停止分泌孕酮，为卵泡发育创造条件，诱导母羊恢复发情和排卵。

（三）建立母羊频繁产羔体系

高效肉羊生产发展的必然趋势是向规模化、工厂化方向发展，其特点是不同圈舍饲养不同生长发育阶段的肉羊，各圈舍间在生产上紧密衔接并相互制约，调群转舍时要执行全进全出流水作业。频繁产羔体系也称为密集产羔体系，是为实现肉羊规模化、工厂化生产而发展起来的高效繁殖体系。其含义是打破肉羊季节性繁殖的特点，使羊一年四季均可发情配种，让繁殖母羊每年最大效率且全年均衡的产羔，全年均衡地供应羊肉上市。完全克服了传统肉羊生产对母羊繁殖无法控制，一年中断断续续产羔，给生产和管理带来很大不便的问题。建立肉羊频繁产羔体系是在肉羊同期发情技术的基础上，使母羊配种、产羔和羔羊断奶、育肥、出栏等各生产环节一致化，从而实现全年批量化、均衡生产羊肉。频繁产羔体系目前有五种基本形式：

1. 一年两产体系 母羊产羔间隔时间为6个月。此体系可使母羊繁殖率增加25%～30%，达到母羊产羔的最大限度。但由于多数母羊产后的生理恢复时间都在1个月以上，故其应用目前尚需进一步探讨。

2. 三年五产体系 由于母羊妊娠期的一半是73天，正是1年的1/5，故可把1年分为5期。羊群可分成3组，当体系开始时，第一组母羊在第一期产羔，第二期配种，第四期产羔，第五期再次配种；第二组母羊在第二期产羔，第三期配种，第五期产羔，第一期再次配种；第三组母羊在第三期产羔，第四期配种，第一期产羔，第二期再次配种。如此周而复始，产羔间隔7.2个月，对于一胎产1羔的母羊，1年可获1.67个羔羊，如一胎产双羔，可获3.34个羔羊。

3. 两年三产体系 该体系可使羔羊生产效率比常规体系增加40%。母羊每8个月产羔1次，这样2年正好产羔3次。羔羊一般是2个月断奶，母羊在产后1个月配种。为了达到全年均衡产羔、科学管理的目的，在生产中羊群可分成以8个月为产羔间隔的相互错开的4组，即每2个月安排1次生产；如果母羊在其组内妊娠失败，则2个月后转入下一组参加配种。这样在羔羊育肥期相同时，每隔2个月就有一批羔羊屠宰上市。

4. 三年四产体系 母羊产羔间隔为9个月，1年有4组母羊产羔。做法是在母羊产羔后第四个月配种，以后几轮则是在第三个月配种，即1月、4月、7月和10月产羔，5月、8月、11月和2月配种，这样全群母羊的产羔间隔为6个月和9个月。

5. 机会产羔体系 在条件有利时，如饲料和价格适宜，可安排一次额外产羔。具体做法是母羊配种后，通过妊娠诊断，对空怀母羊进行一次额外配种。此体系对个体养羊者来说，是一种很有效的快速产羔方式。

三、配种技术

肉羊的配种方法分为自然交配和人工授精两类，其中自然交配又可分为自由交配和人工辅助交配。

(一)自然交配

1. 自由交配 是将公、母羊混群饲养，任其自行交配，公、母比为1∶30～50。这是一种原始的配种方法，目前在小群分散饲养农户中使用较多。该种方法的优点是省工省事；缺点是公羊间争夺交配权，无限制交配，既影响母羊的采食抓膘，又降低了种公羊的利用率，并且不容易控制产羔时间和进行选配。

在常年繁殖的羊群当中，1 年里不断有母羊发情、配种和产羔，群众称之为“拉拉羔”，不便于饲养管理，容易发生早配或近亲繁殖。为解决上述问题，可以在平时将公、母羊分群饲养，在配种季节公、母羊合群，配种期为 2 个月，配种结束后将公、母羊再分群饲养。这种方法可使产羔时间较为集中，所生羔羊比较整齐，便于管理。

2. 人工辅助交配 是将公、母羊分群饲养，在配种期每天早晨和傍晚把试情公羊放入母羊群中，由试情公羊发现发情母羊后，把发情母羊挑出来由指定的种公羊交配。此方法的优点是提高了优秀种公羊的利用率(每只公羊在配种期内与配母羊的只数可增加到60～70只以上)，配种记录清楚，便于安排适时接产和进行选配；缺点是比较繁琐，较费劳力。在羊群数量不大，种公羊充裕的地区可以使用。

(二)人工授精

人工授精技术是将公羊的精液用假阴道采出来，对精液品质进行检查和稀释后，再用输精器将一定量的精液输入到发情母羊的子宫颈口内，从而使母羊达到受孕的目的。公羊1次的射精量为0.8～1.8毫升，每毫升精液中含有25亿～40亿个精子，人工授精母羊每一输精剂量要求含有效精子数为0.85亿～1亿个，这样一次采精就可给20～40只以上的母羊配种。该方法的最大优点是能够大大提高优秀种公羊的配种效率，加速羊群的遗传进展，并可通过减少种公羊的饲养数量而降低饲养成本，同时也可以防止疾病的传播。该技术适于在养羊场、养羊专业村和养羊大户中推广应用，是实现肉羊高效生产的一项重要繁殖技术。

1. 器械的清洗与消毒

(1)器械的清洗　将采精、输精及与精液接触的所有器械都要求用2%～3%碳酸钠溶液或洗涤剂清洗干净，再用清水冲洗2～3次，以达到消除油垢而又不留有碱性余液为目的。

(2)器械的消毒　假阴道的外筒清洗后不用消毒，内胎使用前用70%酒精消毒。集精杯、输精器、试管、玻璃棒等玻璃器皿及铁制输精器、镊子等蒸煮消毒15分钟，用前用生理盐水冲洗数次。塑料输精器、开膣器用70%酒精棉球消毒，最好是浸泡在酒精中1小时，塑料输精器、开膣器的一端套上1个夹子供手提用，用前拿出让多余酒精挥发，再用生理盐水冲洗数次。开膣器、铁方盘等也可用酒精灯火焰消毒。凡士林、毛巾、纱布等蒸煮消毒15分钟。

2. 采 精

(1)*采精场所的准备* 要有固定的采精室,以使公羊建立交配的条件反射。如在露天采精,采精专用地应当避风、平坦,并且要防止尘土飞扬。采精时应保持环境安静。

(2)*台羊的准备* 台羊应选择健康,体格大小与采精公羊相适应且发情征候明显的母羊做台羊。用不发情的母羊做台羊不能引起公羊性欲时,可先用发情的母羊训练几次即可。台羊外阴部用2%来苏儿消毒,再用温水擦干净。如用假母羊做台羊,须先经过训练,即先用真母羊为台羊,采精数次,再改用假母羊为台羊。

(3)*采精公羊的准备* 采精公羊阴茎包皮孔部分如有长毛应事先剪短。采精前用温水清洗种公羊阴茎的包皮,并擦干净。

(4)*假阴道的准备*

①假阴道的安装和消毒 首先检查所用的内胎有无损坏和砂眼。安装时先将内胎装入外壳内,使光面朝内,并要求两头等长,然后将内胎一端翻套在外壳上,依同法套好另一端,此时勿使内胎有扭转情况,并使松紧适度,然后在两端分别套上橡皮圈固定之。用长柄镊子夹上70%酒精棉球消毒内胎,从内向外旋转,勿留空间,要求彻底,待酒精挥发后,用生理盐水棉球多次擦拭。将消毒好的集精杯用生理盐水棉球多次擦拭,然后安装在假阴道的一端。

②灌注温水 左手握住假阴道的中部,右手用量杯或吸水球将温水(50℃~55℃)从灌水孔灌入,水量以外壳与内胎间容量的1/3~1/2为宜。实践中常以竖立假阴道,水达灌水孔即可。最后装上带活塞的气嘴,并将活塞关好。

③涂抹凡士林 用消毒玻璃棒取少许经消毒的凡士林涂

抹一薄层，涂抹深度以假阴道长度的前 1/3～1/2 处为宜。

④检温、吹气加压　用消毒的温度计插入假阴道内检查温度，以采精时达 39℃～42℃为宜。若温度过高或过低，可用冷水或热水加以调节。当温度适宜时向夹层注入空气，使涂凡士林一端的内胎壁相合，口部呈三角形裂隙为宜。最后用纱布盖好入口，准备采精。

(5)采精技术　采精人员右手握住假阴道后端，固定好集精杯(瓶)，并将气嘴活塞朝下，蹲在台羊右后侧，让假阴道靠近母羊的臀部，在公羊跨上母羊背侧的同时，将假阴道与地面保持 35°～40°角迅速将公羊的阴茎引入假阴道内，切勿用手抓碰摩擦阴茎。若假阴道内温度、压力、滑度适宜，当公羊后躯急速用力向前一冲时，即已射精，此时，顺公羊动作向后移下假阴道，并迅速将假阴道竖起，集精杯一端向下，然后打开活塞上的气嘴，放出空气，取下集精杯，用盖盖好送精液处理室待检。

3. 精液品质检查　在 18℃～25℃条件下进行。正常精液色泽为乳白色或乳黄色，一次射精量为 0.8～1.8 毫升。镜检精子活力 0.8 以上，密度在中等以上精液方可用于输精或制作冷冻精液。

通常在显微镜下评定精液密度，分为密(25 亿个精子以上/毫升)、中(20 亿～25 亿个精子/毫升)、稀(20 亿个精子以下/毫升)3 级。“密”指在视野中精子之间距离小于 1 个精子的长度；“中”指在视野中精子之间距离大约等于 1 个精子的长度；“稀”指在视野中精子之间距离大于 1 个精子的长度。

4. 精液的稀释

(1)稀释液的种类及配制　常用的稀释液有 0.9%氯化钠溶液，乳汁稀释液，维生素 B_{12}注射液，柠檬酸钠、卵黄、葡萄糖稀释液。0.9%氯化钠溶液的配方为：蒸馏水100毫升，氯化钠0.9克。配制方法是将氯化钠加入蒸馏水中，用玻璃棒搅拌，使其充分溶解，然后用滤纸过滤，再经过煮沸消毒。消毒后因蒸发减少的水分，用蒸馏水补充，以保持溶液原来的浓度。乳汁稀释液的配制方法是：先将乳汁（牛乳或羊乳）用4层纱布过滤在三角瓶或烧杯中，然后水浴煮沸消毒10～15分钟，取出冷却，除去奶皮即可应用。维生素B_{12}为维生素B_{12}注射液。柠檬酸钠、卵黄、葡萄糖稀释液的配方为：柠檬酸钠1.4克，葡萄糖3克，新鲜卵黄20克，青霉素100000单位，蒸馏水100毫升。新鲜卵黄的制备：洗净蛋壳，用酒精棉球擦拭待全干；打破蛋壳，倾出蛋白，蛋黄轻轻倒在滤纸上，注意不要弄破蛋黄膜；轻轻转动滤纸，使剩余蛋白吸附在滤纸上；用滤纸兜住蛋黄，一手捏紧滤纸四角，一手在滤纸外轻轻挤压蛋黄，将蛋黄液滴入烧杯内，弃去滤纸上蛋黄膜，用消毒玻璃棒打匀烧杯内蛋黄，特别是1个烧杯内盛有不只1个卵黄时更要打匀。柠檬酸钠、卵黄、葡萄糖稀释液的配制：在100毫升蒸馏水中加葡萄糖、柠檬酸钠溶解后过滤灭菌，加新鲜卵黄、青霉素充分混合即可。

（2）精液稀释倍数　0.9%氯化钠溶液适于精液稀释后立即输精，稀释倍数不宜超过2倍；乳汁、维生素B_{12}液稀释倍数一般为2～4倍；柠檬酸钠、卵黄、葡萄糖稀释液可用于精液稀释后常温保存，稀释倍数为2～3倍。

（3）精液的稀释方法　精液稀释液的温度要与精液的温度一致，在20℃～25℃时进行稀释。将稀释液沿精液瓶壁缓缓倒入，用经消毒的细玻璃棒轻轻搅匀。稀释后再次进行精液品质检查。

5. 精液的保存与运输

(1)精液的保存　羊精液保存时间较短,一般在20℃时可保存6小时,10℃时可保存12小时以上,4℃时可保存24小时左右,2℃～4℃保存效果较好。也可将精液冷冻起来长期保存,但因羊的精子耐冻力差,受胎率较牛、马冷冻精液偏低。

(2)精液的运输　精液运输距离较近,不必进行降温,将装有精液的集精杯或小试管口封严,用棉花包好后放入保温瓶中即可。远距离运输时,可直接降温运输。运输的关键是在运输途中如何防止温度发生巨变和剧烈振动。每次输送的精液都要注明公羊号、采精时间、精液量和精液品质。

6. 输精　将发情母羊两后肢搭在输精室内离地高度50厘米左右的横杠式输精架上或站立在输精坑边。若无输精架或输精坑时可由工作人员保定母羊,其方法是工作人员倒骑在羊的颈部,用双手握住羊的两后肢飞节上部并稍向上提起,以便于输精。在输精前先用2%来苏儿消毒外阴部,再用温水洗掉药液并擦干。

输精时将开膣器插入阴道深部,之后旋转90°。开启开膣器寻找子宫颈口,如果在暗处输精,要用额灯或手电筒光源辅助。开膣器开张幅度宜小(2～3厘米),从缝里找子宫颈口较容易;否则开张越大,刺激越大,羊努责,越不易找到子宫颈口。子宫颈口的位置不一定正对阴道,但其在阴道内呈一小突起,附近粘膜充血而颜色较深。找到子宫颈口后,将输精器插入子宫颈口内1～1.5厘米处注入精液0.05～0.2毫升(要求每次输精所输入活精子数不少于8500万个)。有些羊需用输精器前端拨开子宫颈外口上下2片或3片突起皱襞方可将输精器插入子宫颈口内。若子宫颈口较紧或不正者,可将精液注到子宫颈口附近,但输精量应加大1倍。输完精液后先将输精器取出，再将开膣器抽出。

应注意在输精瞬间，应缩小开膣器开张程度，减少刺激，并向外拉 1/3，使阴道前边闭合，容易输精。输精完毕要观察子宫颈口有无精液倒流现象，倒流严重者应重输。输精完毕母羊在原保定位置应停留一会，再将母羊赶走。输精人员的手和输精器外壁要用生理盐水擦净后再操作。

输精总的原则要求做到“适时”、“深部”、“慢插”、“轻注”“稍站”。

四、母羊的妊娠与分娩

（一）母羊的妊娠诊断

目前，生产中常用的主要是外部观察法，即根据母羊外部表现进行诊断。在早期诊断时，主要看母羊配种后是否还发情，若无发情现象就认为是已经妊娠；反之则为未妊娠。这种方法对发情规律正常的母羊实用价值较大，准确率在 90%以上。但对未妊娠也无发情现象的假妊娠母羊，以及妊娠后又出现发情现象者不适用，但这种现象在养羊生产上发生较少。另外，母羊妊娠后新陈代谢旺盛，食欲增加，消化功能提高，表现为体重增加，被毛光润，性情温驯，行动谨慎安稳等，这些现象都可作为外部观察的主要指标。

（二）母羊的分娩与助产

1. 准备工作

（1）饲草、饲料　母羊在产前和产后，应留在羊舍饲养或在羊舍附近放牧，要有足够的优质牧草、青贮饲料、多汁饲料和精饲料，还要准备褥草。每只母羊日需干草 2～2.5 千克，青贮饲料 1～1.5 千克，胡萝卜 0.5 千克，精饲料 0.3～0.5 千克。

(2)产房　产冬羔和早春羔应有产房,小型养殖户可利用旧房舍、羊舍或搭棚舍,大羊场要有专用产房。产房内温度应保持在0℃～5℃。有条件的要在产房内设产羔栏。对于体型大、产羔多的母羊,产羔栏内面积为1.6～1.8平方米;体型小、产羔少的母羊为1.2平方米。产房使用前要彻底消毒并垫好褥草。

(3)安排好接产人员　除放牧饲养人员之外,还应有专门的接羔和护羔人员,以保证初生羔羊成活。对临产和产羔母羊要加强护理和饲养管理工作。

(4)药品用具准备　有来苏儿、酒精、高锰酸钾、纱布、药棉和剪刀等,还应准备一些常用的治疗药品和器械。对于多胎羊,由于产羔多,缺奶是经常现象,故应准备新鲜牛奶或羊奶,或者养一些奶山羊。

2. 接产　临产母羊出现精神不安,回顾腹部,时起时卧,用前蹄刨地,食欲减退,反刍停止,行动困难;乳房膨胀,乳头增大变粗,能挤出少量清亮胶状液体或粘稠黄色初乳;阴门肿胀,流出的粘液由浓稠变为稀薄润滑,排尿频繁;肷窝下陷,用手握住尾根上下活动,可感到荐骨活动幅度增大。发现临产母羊应立即送入产房。

正常接产时,首先剪掉母羊乳房周围和后肢内侧的毛,然后用温水洗净乳房,挤出几滴初乳,再将尾根、外阴部、肛门洗净,并用1%来苏儿消毒。母羊正常分娩时,先露出充满羊水的羊膜,随后羊膜破裂,可看到羔羊的两前蹄,蹄掌朝下,接着露出夹在两前肢之间的头部和嘴部,待羔羊头颅通过外阴后,全部身躯随之顺利产出。在胎位正常时,最好让母羊自行产出羔羊。有时看到羔羊两后肢先出,蹄掌朝上,此为倒产,羔羊也可正常产出。羔羊产出后，立即将其鼻、口腔、耳内的粘液和羊水擦净，并移至母羊视线内，让母羊舔干羔羊身上的粘液。如母羊不舔，可在羔羊身上撒些麸皮，诱其添羔，或用软干草或毛巾迅速将羔羊擦干。羔羊脐带通常自行断开，如未断开，则在距羔羊体表8～10厘米处用手撕断，以3%碘酊消毒。母羊生后1小时左右，胎盘会自然排出，应及时拿走，防止被母羊吞食，造成消化不良。

3. 难产及助产 有些母羊因胎儿过大或初次产羔阴道狭窄及胎势不正等原因可出现难产，怀多胎羊产出1～2只羔羊后，因体力不支、努责乏力而发生难产。此时，助产人员应首先将指甲剪短磨光，消毒手臂后涂上润滑剂或戴橡胶手套，视难产原因做相应处理。如胎势不正，把母羊后躯垫高，将胎儿露出产道部分送回产道，手入产道将胎位校正后，再用手抓住羔羊两前肢或后肢，随母羊努责向外拉即可产出。如胎儿过大或母羊阴道狭窄，可将胎儿两前肢反复推入拉出数次，使阴门扩大，然后一手紧握两前肢，一手扶头并保护会阴部防止撕裂，随着母羊努责向外拉，帮助胎儿产出。如羊水流失、产道过干时，应涂抹植物油进行润滑。如怀多胎羔的母羊无力产出时，要用手向后推母羊下腹部(乳房前)，助其娩出。助产操作切忌用力过猛，或不随努责节律硬拉，以免损伤产道。

五、提高肉羊繁殖力技术

一是提高羊群可繁母羊比例。每年都要整顿羊群，及时淘汰老龄羊和不孕羊，出栏不留做种用的小公羊和小母羊，使可繁殖母羊在羊群中的比例达到70%以上。肥羔生产场，可繁母羊比例可达90%以上。可繁母羊所占比例越大，对提高母羊繁殖率越有利，越有利于扩大再生产和提高肉羊的饲养效益。

二是实行频密产羔。缩短母羊的空怀期，使母羊每6～7个月产1次羔。对处于非繁殖季节(即乏情季节)的母羊，可采用人工诱导发情技术使乏情母羊表现正常发情征候并配种，缩短母羊的空怀期。对于商品羊场可适当提早母羊的初配年龄，这样可使母羊一生的产羔数量增加。提早给羔羊断奶，哺乳期由4个月改为2～3个月，使母羊早发情配种，也是增加产羔数的有效方法，此措施在一些羊肉生产国家被广泛采用，但必须加强母羊和羔羊的饲养管理。

三是提高母羊的多胎性。对一些产羔率低的品种母羊，可利用高产羔率品种的公羊进行杂交，引入多胎羊的血液，可以提高母羊的多胎性。另外，高产母羊的多胎性具有较稳定的遗传性。选留第一胎、第二胎产多羔的母羊，其以后胎次的产羔率也高，再选其所生的多胎母羔留种，将来的多胎性也高，这是提高多胎性的重要途径。需要注意的是，一般不留第一胎所产的羔羊做种羊，因为有不少地方母羊的初配年龄过早，第一胎羔羊的发育较差，而且产单羔羊的不少。

四是诱导母羊在一次发情期排多个卵。对于具有正常繁殖能力、饲养管理和膘情较好的母羊，可利用外源激素提高其排卵率，从而增加产双羔的比重。

五是适时配种和多次配种。母羊发情持续期短，要适时配种，防止错过情期。实践证明，在配种季节开始后，在第一、第二情期的配种受胎率最高，其所生羔羊的双胎率也高。一些高产母羊排卵数量多，但不是同时成熟排出，而是陆续排出，可利用重复交配、双重交配和混合输精的方法，使所排出的卵子都有受精的机会，可以提高母羊的产羔率。

思考题

1. 肉羊初配适龄在何时？
2. 母羊发情鉴定的方法包括哪几种？
3. 同期发情技术和诱导发情技术在什么时候应用？
4. 如何建立母羊频繁产羔体系？
5. 人工授精的优点有哪些？
6. 母羊预产期如何推算？
7. 如何提高母羊繁殖率？

第三章　肉羊的饲料

一、肉羊常用饲料及加工处理

目前，根据我国实际情况，各地都采取了禁牧措施，养羊由过去的放牧转变为舍饲，饲料成本增加，只有了解肉羊各种饲料的特性及加工技术，这样才能合理利用饲草、饲料资源，降低饲养成本，提高生产性能，增加养羊的经济效益。在生产中，习惯将羊饲料分为粗饲料、精饲料、矿物质饲料和添加剂饲料。

（一）粗饲料及其加工处理

粗饲料主要指青绿饲料、干草、秸秆及秕壳以及用其制作的青贮饲料等，这是肉羊的基本饲料。

1. 青绿饲料　指天然水分含量60%以上的青绿多汁植物性饲料。粗蛋白质含量较丰富，并含有丰富的维生素，具有轻泻、保健作用。包括野青草、栽培牧草、树叶类饲料、叶菜类饲料、水生饲料等。

青绿饲料是一种成本低、来源广、效果较好的肉羊的基本饲料，但干物质含量低，能量含量也低，育肥时如果与能量饲料、蛋白质饲料配合使用，效果更好。为了保证青绿饲料的营养价值，适时收割非常重要，一般禾本科牧草在孕穗期刈割，豆科牧草在初花期刈割。有的树叶含有单宁，有涩味，适口性不佳，必须加工调制后再喂。水生饲料在饲喂时，要洗净并晾干表面的水分后再喂。叶菜类饲料中含有硝酸盐，在堆贮或蒸煮过程中被还原为亚硝酸盐，可引起羊中毒，甚至死亡，故饲喂量不宜过多。幼嫩的高粱苗、亚麻叶等含有氰苷，在瘤胃中可生成氢氰酸，引起中毒，喂前晾晒或青贮可预防中毒。放牧于苜蓿地的羊应补饲干草，以防止瘤胃臌胀的发生。

铡短和切碎是青绿饲料最简单的加工方法，不仅便于采食，还能减少饲料的浪费。一般青饲料可以铡成短草。

2. 干草 干草是青绿饲料在尚未结籽以前刈割、经过日晒或人工干燥而制成的，较好地保留了青绿饲料的养分和绿色，是肉羊的重要饲料。优质干草叶多，适口性好，蛋白质含量较高，胡萝卜素、维生素 D、维生素 E 及矿物质丰富。粗蛋白质含量禾本科干草为 7%～13%，豆科干草为 10%～21%；粗纤维含量高，为 20%～30%；所含能量为玉米的 30%～50%。

(1)青干草的制作方法 青干草的制作方法很多，但养殖户一般采用自然晒制法。在田野间晒制干草，可根据当地气候、牧草生长、人力及设备等条件的不同，而采用平铺晒草、小堆晒草，或者两者结合等方式进行，以能更多地保存青饲料中的养分为原则。

(2)青干草的品质鉴定与贮藏 对于经常购买干草的养殖户，掌握青干草的品质鉴定与贮藏基本知识是非常重要的。

①品质鉴定 干草的品质应根据干草的植物组成、生长期、颜色、气味、含水量等方面来进行鉴定。

优质干草豆科草占的比例大，不可食草不超过 5%；中等干草禾本科和其他可食草比例较大，不可食草不超过 10%；劣等干草除豆科、禾本科以外的其他可食草较多，不可食草不超过 15%。

如有花蕾，表示收割适时，品质优良；如有大量花序，尚未结籽，表示收获在开花期，品质中等；如发现大量种子，表示收获过晚，营养价值不高。

优等干草，鲜绿色，气味芳香；中等干草，淡绿色或灰绿色；次等干草，微黄色或淡褐色；劣等干草，暗褐色，草上有白灰，具有霉味。

含水量在15%以下为干燥，用手轻轻揉搓，发出碎裂声，并易折断；含水量在15%～17%为中等干燥，用手扭折时，草茎破裂，稍压有弹性而不断；含水量在17%～20%为较湿，用手扭折时，草茎不易折断，并渗出水来，不能保存。

②综合评定　优等干草豆科草占的比例较大，颜色青绿色有光泽，气味芳香，样品中有花蕾出现(孕穗)，含水量在17%以下；良好干草植物学组成评定为中等草，颜色淡绿，无霉味，在样品中有大量花序而未结籽，含水量在17%左右；次等干草或等外级干草，植物学组成为劣等草，颜色微黄色或灰褐色，样品中有大量种子，含水量高于17%。如果有害植物超过1%以上，泥沙杂质过多，干草颜色为暗褐色，已发霉变质，则不能饲用。

③贮存　干草贮存不当会使品质下降，甚至霉烂损失。要贮存的干草必须完全晒干，如果水分含量高达20%或30%，草堆容易在氧化过程中升温超过40℃，甚至高达70℃，还会引起火灾。堆放的地方要向阳干燥，防雨、防潮。上面要加顶封盖，上盖稿秆、草帘或塑料薄膜。草堆底部垫以石头或树枝，便于通风干燥。否则，上面雨淋，下面潮湿，最易发生霉烂。最好修建干草棚，采取四周砌砖柱上面盖水泥瓦或石棉瓦，高度5～7米。修建这样的草棚虽开始要一些投资，但可保证干草质量，无霉烂损失，且易堆码。贮存良好的干草，除胡萝卜素的保存时间不能太长外，其他有机物、蛋白质、粗脂肪等的消化率，都可较长时间不会有大的变化。

3. 秸秆及秕壳 包括各种农作物收获后所剩余的秸秆，如干玉米秸、稻草、麦秸、谷草等；秕壳为籽实脱离时分离出的夹皮、外皮等。一般都放在田间或户外，常在雨淋日晒之下，很容易受潮霉坏。再加上自然环境、栽培条件以及作物品种的不同，其营养价值变化很大。单独饲喂秸秆时，羊瘤胃中微生物生长繁殖受阻，影响饲料的发酵，不能提供必需的微生物蛋白质和挥发性脂肪酸，难以满足羊对能量和蛋白质的需要。秸秆中无氮浸出物含量低，还缺乏一些微量元素，并且利用率很低。除维生素 D 外，其他维生素也很缺乏。该类粗饲料虽然营养价值很低，但在我国这类饲料的资源丰富，如果采取适当的补饲措施，并结合适当的加工处理，能提高羊对秸秆的消化利用率。

(1)常用的种类

①玉米秸 玉米秸粗蛋白质含量为 6%左右，粗纤维为 25%左右。同 1 株玉米秸的营养价值，上部比下部高，叶片较茎秆高。玉米穗苞叶和玉米芯营养价值很低。

②麦秸 该类饲料不经处理，对羊没有多大营养价值。能量低，消化率低，适口性差，是质量较差的粗饲料。春小麦比冬小麦好，燕麦秸的饲用价值最高。

③稻草 营养低于玉米秸、谷草和优质小麦秸。

④谷草 质地柔软，营养价值较麦秸、稻草高。在禾本科秸秆中，谷草品质最好。

⑤豆秸 大豆秸消化率极低，对羊营养价值不大。在豆秸中，蚕豆秸和豌豆秸品质较好。由于豆秸质地坚硬，应粉碎后饲喂，以保证充分利用。

⑥豆荚 含粗蛋白质 5%～10%，无氮浸出物 42%～50%。大豆皮(大豆加工中分离出的种皮)消化率高，对于羊其

营养价值相当于玉米等谷物，对于需高精料的肉羊有助于保持日粮粗纤维的理想水平。

⑦谷类皮壳　包括小麦壳、大麦壳、高粱壳、稻壳、谷壳等。营养价值略高于同一作物的秸秆。稻壳的营养价值最差。

⑧棉籽壳　虽然含棉酚，但对育肥羊影响不大，可占日粮粗饲料的 40%，喂羔羊时应减量，以防棉酚中毒。

(2)秸秆的加工处理技术

①粉碎、铡短处理　秸秆经粉碎、铡短处理后，体积变小，便于肉羊采食和咀嚼，增加了与瘤胃微生物的接触面，可提高过瘤胃速度，增加肉羊的采食量。由于秸秆粉碎、铡短后在瘤胃中停留时间缩短，养分来不及充分降解发酵，便进入了真胃和小肠，所以，消化率并不能得到改进。用于肉羊的秸秆饲料不提倡全部粉碎，一方面是由于粉碎加工可增加饲养成本，另一方面粗饲料粉得过细后不利于羊的咀嚼和反刍。铡短是秸秆处理中常用的一种方法。过长、过细都不好，一般在肉羊生产中，根据年龄情况以 1～2 厘米为好。

②热喷与膨化处理　热喷是近年来采用的一项新技术，主要设备为压力罐，工作原理包括热效应和机械效应的作用，秸秆被撕成乱麻状，秸秆结构重新分布，对粗纤维有降解作用。经热喷处理的鲜玉米秸，可使粗纤维由 30.5%降低到 20.14%；热喷处理干玉米秸，可使粗纤维含量由 33.4%降低到 27.5%。

膨化需专用的膨化机，工作原理为经过高温和高压处理，迅速降压，使秸秆膨胀，组织遭到破坏而变得松软，原来紧紧地包在纤维素外的木质素全部被撕裂，而变得易于消化，但成本较高。

③揉搓处理　揉搓处理比铡短处理秸秆又进了一步，经

揉搓的玉米秸呈柔软的丝条状，能增加适口性。揉碎的玉米秸是一种价廉的、适口性好的粗饲料。目前，揉搓机正在逐步取代铡草机。

④制粒与压块处理　制粒的目的是为了便于肉羊机械化饲养和自动饲槽的应用。由于颗粒料质地硬脆，大小适中，便于咀嚼和改善适口性从而提高采食量和生产性能，减少秸秆的浪费。秸秆和精饲料、添加剂按比例制成颗粒，效果更佳。秸秆压块能最大限度地保存秸秆营养成分，秸秆经压块后体积缩小，便于贮存运输。秸秆经高温、高压挤压成型，使秸秆的纤维结构遭到破坏，粗纤维的消化率可提高25%。

⑤氨化处理　秸秆中含氮量低，氨化处理时秸秆与氨相遇，其有机物就与氨发生氨解反应，打断木质素与半纤维素的结合，破坏木质素-半纤维素-纤维素的复合结构，使纤维素与半纤维素被解放出来，被微生物及酶分解利用。氨是一种碱，处理后使木质化纤维膨胀，增大空隙度，提高渗透性。氨化能使秸秆含氮量增加1～1.5倍，粗纤维含量降低10%，羊对秸秆采食量和消化率提高20%以上。

堆贮法适用于液氨处理、大量生产。先将6米×6米塑料薄膜铺在地面上，在上面垛秸秆。草垛底面积以5米×5米为宜，高度接近2.5米。秸秆原料含水量要求20%～40%，一般干秸秆仅为10%～13%，故需边码垛边均匀地洒水，使秸秆含水量达到30%左右。草码到0.5米高处，于垛上面分别平放直径10毫米、长4米的硬质塑料管2根，在塑料管前端2/3长的部位钻若干个2～3毫米小孔，以便充氨。后端露出草垛外面约0.5米长。通过胶管接上氨瓶，用铁丝缠紧。堆完草垛后，用10米×10米塑料薄膜盖严，四周留下0.5～0.7米宽的余头。在垛底部用一长杠将四周余下的塑料薄膜上下合在一起卷紧，用石头或土压住，输氨管要外露。按秸秆重量3%的比例向垛内缓慢输入液氨（图3-1）。输氨结束后，抽出塑料管，立即将余孔堵严。

图3-1　用氨瓶向密闭的秸秆垛内注入液氨

窖贮法适用于氨水处理、尿素处理，中、小规模生产。氨水用量按3升/（氨水含氮量×1.21）计算。如氨水含氮量为15%，每100千克秸秆需氨水量为3升/（15%×1.21）=16.5升。尿素用量见小垛法。

小垛法适用于尿素处理，农户可少量生产制作。在庭院内向阳处地面上，铺2.6平方米塑料薄膜，取3～4千克尿素，溶解在40～55升水中，将尿素溶液均匀喷洒在100千克秸秆上，堆好踏实。最后用13平方米塑料布盖好封严。小垛氨化以100千克为1垛，占地少，易管理，塑料薄膜可连续使用，投资少，简便易行。

氨化的时间应根据气温和对秸秆的感观来确定。一般1个月左右。根据气温确定氨化天数，并结合查看秸秆颜色，秸秆变褐黄即可。饲喂前一般经2～5天自然通风将氨味全部放掉，呈糊香味时才能饲喂，如暂时不喂可不必开封放氨。

⑥“三化”复合处理新技术　由曹玉凤等（1997）研究的秸秆“三化”复合处理技术，发挥了氨化、碱化、盐化的综合作用，弥补了氨化成本过高、碱化不易久贮、盐化效果欠佳单一处理

的缺陷。经实验证明,“三化”处理的麦秸与未处理组相比各类纤维都有不同程度的降低,干物质瘤胃降解率提高 22.4%,而“三化”处理成本比普通氨化(3%～5%尿素)降低 32%～50%。

处理液的配制见表 3-1。将尿素、生石灰粉、食盐按比例放入水中,充分搅拌溶解,使之成为混浊液。

表 3-1　处理液的配制

秸秆种类	秸秆重量（千克）	尿素用量（千克）	生石灰用量（千克）	食盐用量（千克）	水用量（升）	贮料含水量（%）
干麦秸	100	2	3	1	45～55	35～40
干稻草	100	2	3	1	45～55	35～40
干玉米秸	100	2	3	1	40～50	35～40

此方法适合窖贮(土窖、水泥窖均可),也可用小垛法、塑料袋或水缸,其余操作同氨化处理。

⑦秸秆微贮技术　秸秆微贮饲料就是在秸秆中加入微生物高效活性菌种——秸秆发酵活干菌,放入密封的容器(如水泥池、土窖)中贮藏,经一定的发酵过程,使秸秆变成具有酸、香味而羊喜吃的饲料。

微贮的建窖和青贮窖相似,也可选用青贮窖。秸秆应选择无霉变的新鲜的,麦秸铡成 2～5 厘米长,玉米秸最好铡成 1 厘米左右长或粉碎(孔径 2 厘米筛片)。制作时根据当天预计处理秸秆的重量,计算出所需菌剂的数量,按以下方法配制。

菌种的复活:在处理秸秆前将菌剂 3 克倒入 2 升水中,充分溶解,然后在常温下放置 1～2 小时使菌种复活,复活好的菌剂一定要当天用完。

菌液的配制:将复活好的菌剂倒入充分溶解的 0.8%～

1%食盐水中拌匀，食盐水及菌液量的计算方法见表3-2。菌液对入盐水后，再用潜水泵循环，使其浓度一致，之后就可以喷洒。配好的菌液不能过夜，当天一定要用完。

表3-2 菌液配制

秸秆种类	秸秆重量（千克）	秸秆发酵活干菌用量（克）	食盐用量（千克）	自来水用量（升）	贮料含水量（%）
稻麦秸秆	1000	3	9～12	1200～1400	60～70
黄玉米秸	1000	3	6～8	800～1000	60～70
青玉米秸	1000	1.5	—	适量	60～70

装窖时土窖应先在窖底和四周铺上一层塑料薄膜，在窖底先铺放20厘米厚的秸秆，均匀喷洒菌液，压实后再铺秸秆20厘米厚，再喷洒菌液压实。大型窖要采用机械化作业，压实用拖拉机，喷洒菌液可用潜水泵。在操作中要随时检查贮料含水量是否均匀合适，层与层之间不要出现夹层。检查方法是取秸秆用力握紧，指缝间有水但不滴下，水分为60%～70%最为理想，否则为过高或过低。

在微贮麦秸和稻草时应加入0.3%左右的玉米粉、麸皮或大麦粉，以利于发酵初期菌种生长，提高微贮质量。加精料辅料时应铺一层秸秆，撒一层精料粉，再喷洒菌液。

秸秆分层压实直到高出窖口100厘米，再充分压实后，在最上面一层均匀撒上食盐，再压实后盖上塑料薄膜。食盐的用量为每平方米250克，其目的是确保微贮饲料上部不发生霉烂变质。盖上塑料薄膜后，在上面撒上20～30厘米厚的稻草、麦秸，覆土15～20厘米，密封。密封的目的是为了隔绝空气与秸秆接触，保证微贮窖内呈厌氧状态。在窖边挖排水沟防止雨水积聚。窖内贮料下沉后应随时加土使之高出地面。

根据气温情况，秸秆微贮饲料一般需在窖内贮藏21～45天才能取喂。优质微贮青玉米秸秆饲料的色泽呈橄榄绿，稻草、麦秸呈金黄褐色。如果变成褐色或墨绿色则质量较差。优质秸秆微贮饲料具有醇香和果香气味，并具有弱酸味。若有强酸味，表明醋酸较多，这是由于水分过多和高温发酵所造成的。若有腐臭味、发霉味则不能饲喂。优质微贮饲料拿到手里感到很松散，质地柔软湿润。若拿到手里发粘，或者粘到一起，说明质量不佳。有的虽然松散，但干燥粗硬，也属不良的饲料。开窖时应从窖的一端开始，先去掉上边覆盖的部分土层、草层，然后揭开塑料薄膜，从上到下垂直逐段取用。每次取出量应以当天喂完为宜，坚持每天取料每层所取的料不应少于15厘米，每次取完后要用塑料薄膜将窖口密封，尽量避免与空气接触，以防止二次发酵和变质。

一般肉羊喂3～4千克微贮饲料/100千克体重，冻结的微贮饲料应先化开后再用。由于制作微贮中加入了食盐，应在饲喂时由日粮中扣除食盐的数量。

4. 青贮饲料 青贮饲料在各种粗饲料加工中保存的营养物质最高（保存90%的营养），可解决冬季青饲料供应问题，并且占地面积小，又可避免火灾。在密封状态下可以长年保存，制作简便，成本低廉。青贮的关键在于创造适宜的条件，在厌氧环境中，保证乳酸菌迅速生长繁殖，产生足够的乳酸，抑制有害菌增殖，杜绝腐败发酵，否则就会影响青贮料品质，降低营养价值和适口性。

(1)一般青贮的制作方法

①青贮设备 以窖贮形式为多，包括地下式和半地下式两种。地下水位低，土质坚硬地区宜采用地下式；地下水位高或砂砾较多、土层较薄的地区宜采用半地下式窖。长方形窖，

内壁呈倒梯形，窖四角做成圆形，便于青贮料下沉。土窖壁要光滑，如果利用时间长，最好用水泥抹面做成永久性窖。半地下窖内壁上下要垂直，窖底像锅底，先把地下部分挖好，再用湿粘土、土坯、砖、石等向上垒起1米高，地上部分窖壁厚不应小于0.7米，以防透气。

青贮窖的宽深取决于每日饲喂的青贮量，通常以每日取料的挖进量不少于15厘米为宜。在宽度和深度确定后，根据青贮需要量，计算出青贮窖的长度。

②常用的青贮原料　玉米带穗青贮，即在玉米乳熟后期收割，将茎叶与玉米穗整株切碎进行青贮，这样可以最大限度地保存蛋白质、碳水化合物和维生素，具有较高的营养价值和良好的适口性。

收获果穗后的玉米秸上能保留1/2的绿色叶片，适于青贮。若部分秸秆发黄，3/4的叶片干枯视为青黄秸，青贮时每100千克需加水5～15升。目前已培育出收获果穗后玉米秸全株保持绿色的玉米新品种，很适合做青贮。为了提高蛋白质含量，可加上0.5%尿素进行青贮，使玉米青贮蛋白质含量达到12%～13%，可降低饲料成本，提高饲料利用效率。

另外，甘薯蔓、各种青草等都适合做青贮饲料。

③青贮的制作

原料适时刈割：青贮原料过早刈割，水分多，不易贮存，过晚刈割，营养价值降低。收获玉米后的玉米秸应尽快青贮，不应长期放置。禾本科草类在抽穗期，豆科草类在孕蕾及初花期刈割为好，含水量超过70%时，应将原料适当晾晒到含水量为60%～70%。

切短的长度：细茎牧草以7～8厘米为宜，玉米秸等较粗的作物秸秆最好不要超过1厘米。

装填：选择晴好的天气进行，尽量当天装完，防止变质和雨淋。装填时要逐层铺平、压实，特别是窖的四壁要压紧。如是土窖，四壁和窖底衬上塑料薄膜(永久性窖可不铺衬)，先在窖底铺一层10厘米厚的干草，以便吸收青贮液汁，然后把铡短的原料逐层装入压实。由于封窖数天后，青贮料会下沉，所以最后一层应高出窖口0.5～0.7米。

封严及整修：原料装填完毕后要及时封严，防止漏水、漏气是保障质量的关键。青贮窖可先用塑料薄膜覆盖，然后用土封严，四周挖排水沟。封顶后2～3天，在下陷处填土，使其紧实隆起。

为了便于记忆和掌握青贮技术，曾有人总结了以下几句话："搞青贮也不难，集中力量两三天。先挖窖后选料，适期收割要新鲜。水分含量(%)七十五，糖水适量互补全。切碎压实是关键，经常检查封闭严。"

(2)**地面堆贮** 这种形式贮量较少，保存期短，适用于小规模养殖。选择干燥、平坦的地方，最好是水泥地面。先按设计好的堆形用木板隔挡四周，也可以在四周垒上临时矮墙，铺塑料薄膜后再填青料，然后将铡短的原料装入，并随时踏实。达到要求高度后，拆去围板。四围用塑料薄膜盖严，一般堆高1.5～2米、宽1.5～2米、堆长3～5米。顶部用泥土或重物压紧。

(3)**塑料袋贮** 大型的青贮设备适合于大型羊场的需要，而不适用于家庭饲养业。塑料袋青贮是小型养羊专业户最好的方法之一，既不需要机械设备，也不需多大投资，方法简单易行，又便于取用。袋的大小和数量根据肉羊的饲养量而定。然后选料、切碎、装填、压实，其方法和原理与一般青贮法相同。但塑料袋青贮要注意装实底部，边角要压紧。装填紧实后，封口结扎好，放在院落空闲处备用。贮备期间，要经常检查，防止漏气。有长、宽各1米，高2.5米的塑料袋，可装750～1 000千克玉米青贮。1个成品塑料袋能使用2年，在这期间内可反复使用多次。

(4)特殊青贮饲料的制作

①低水分青贮　低水分青贮也称半干青贮，其干物质含量比一般青贮饲料高1倍多。无酸味或微酸，适口性好，色深绿，养分损失少。制作低水分青贮时，青饲料原料应迅速风干，要求在收割后24～30小时内，豆科牧草含水量达50%左右，禾本科牧草达到45%，在低水分状态下装窖、压实、封严。

②混合青贮　常用于豆科牧草与禾本科牧草混合青贮以及含水量较高的牧草(如鲁梅克斯草、紫云英等)和非常规饲料与作物秸秆(玉米秸、麦秸、稻草等)进行的混合青贮。

豆科牧草与禾本科牧草混合青贮时的比例以1∶1.3为宜。含水量较高的牧草与秸秆进行混贮，每100千克牧草需加秸秆量可按下式进行计算：

$$\text{需加干秸秆量}(\%)=\frac{\text{牧草的含水量}-\text{理想含水量}}{\text{理想含水量}-\text{干秸秆的含水量}}\times 100$$

(5)青贮质量简易评定　主要根据色、香、味和质地判断青贮料的品质。优良的青贮料颜色黄绿色或青绿色，有光泽。气味芳香，呈酒酸味。表面湿润，结构完好，疏松，容易分离。不良的青贮料颜色黑或褐色，气味刺鼻，腐烂，粘滑结块，不能饲喂。

(6)青贮饲料的饲喂技术　一般青贮料在制作45天后即可开始取用，开始饲喂应由少到多逐渐过渡，让肉羊有10天的适应期。羊日喂量3～4千克/100千克体重。

(二)精饲料及其加工处理

精饲料是能量饲料和蛋白质饲料的总称。

1. 能量饲料 指干物质中粗纤维含量在18%以下,粗蛋白质含量在20%以下,消化能在10.46兆焦/千克以上的饲料。主要包括谷实类及其加工副产品(糠麸类)、块根、块茎类和瓜果类及其他。

(1)谷实类饲料 谷实类饲料大多是禾本科植物成熟的种子,主要包括玉米、小麦、大麦、高粱等。其主要特点是能量含量高,粗纤维含量低,粗蛋白质含量低(一般在10%以下),磷的含量高,钙、磷比例不当。根据肉羊不同生理阶段,一般饲喂量占精饲料50%左右,育肥后期可占70%左右。

①玉米 玉米被称为饲料之王。其特点是含能量高。黄玉米中胡萝卜素含量丰富,蛋白质含量低(9%左右),钙、磷均少,且比例不合适,是一种养分不平衡的高能饲料。玉米在瘤胃中的降解率低,是一种理想的过瘤胃淀粉来源。

②高粱 能量仅次于玉米,蛋白质含量略高于玉米。

③大麦 蛋白质含量高于玉米,粗纤维较玉米多,能量低于玉米;主要矿物质是钾和磷;富含B族维生素,缺乏维生素A、维生素D、维生素K及维生素B_{12}。

④小麦 与玉米相比,能量较低,但蛋白质及维生素含量较高,所含B族维生素及维生素E较多,维生素A、维生素D、维生素C、维生素K较少。小麦的过瘤胃淀粉较玉米、高粱低,肉羊饲料中的用量以不超过40%为宜,并以粗碎和压片效果最佳,不能整粒饲喂或粉碎得过细。

(2)糠麸类饲料 糠麸类饲料为谷实类的加工副产品,其营养价值受原料种类、加工精度和方法的影响。一般糠麸饲料的能量比原粮低,而蛋白质的含量和质量都超过原粮。一般占羊精饲料的5%～20%。

①麸皮　包括小麦麸和大麦麸等。其营养价值因麦类品种和出粉率的高低而变化。粗蛋白质含量14%左右，维生素B族和E含量高，粗纤维含量较高，属于低能饲料。大麦麸在能量、蛋白质、粗纤维含量上均优于小麦麸。具有轻泻作用，质地膨松，适口性较好。

②米糠　米糠为去壳稻粒（糙米）制成精米时分离出的副产品，由果皮、种皮、糊粉层及胚组成。米糠的营养价值变化较大，随含壳量的增加而降低。粗蛋白质含量13%左右，粗脂肪含量高达17%左右，易在微生物及酶的作用下发生酸败。为使米糠便于保存，可经脱脂生产米糠饼。经榨油后的米糠饼脂肪和维生素减少，其他营养成分基本被保留下来。

③玉米皮　是玉米加工淀粉时的副产品，由玉米皮、玉米胚芽和胚乳组成。蛋白质和粗纤维含量高于玉米，能量低于玉米，适口性比麸皮好，在肉羊生产中可代替日粮中的麸皮。

另外，还有高粱糠和小米糠，其中以小米糠的营养价值最高。高粱糠的消化能和代谢能较高，但因含有单宁，适口性差，易引起便秘，应限制使用。

（3）块根、块茎及瓜果类饲料　块根、块茎类饲料种类很多，主要包括甘薯、马铃薯、木薯等。按干物质中的营养价值来考虑，属于能量饲料。

①甘薯　又称红薯、白薯、地瓜、山芋等。是我国主要薯类之一。甘薯富含淀粉，粗纤维含量少，热能低于玉米，粗蛋白质及钙含量低，多汁味甜，适口性好，生熟均可饲喂。甘薯如有黑斑病，含毒性酮，使羊患气喘病，严重者甚至死亡。

②马铃薯　又称土豆。盛产于我国北方，产量较高。成分特点与其他薯类相似。与蛋白质饲料、谷实类饲料混喂效果较

好。马铃薯贮存不当发芽时，在其青绿皮上、芽眼及芽中含有龙葵素，采食过量会导致羊中毒。因此，马铃薯要注意保存，若已发芽，饲喂时一定要清除皮和芽，并进行蒸煮。

③胡萝卜　水分含量高，容积大，含丰富的胡萝卜素，一般多作为冬季调剂饲料，而不作为能量饲料使用。

2. 蛋白质饲料　干物质中粗纤维含量在18%以下，粗蛋白质含量在20%以上的饲料。蛋白质饲料根据其品质的不同和肉羊不同生理阶段，一般占精料日粮的15%～30%。用于肉羊主要是植物性蛋白质饲料和非蛋白氮饲料。肉羊禁用动物性蛋白质饲料。

(1)饼粕类饲料

①大豆饼粕　在饼粕类之中居首，其粗蛋白质含量为38%～47%，且品质较好。

②棉籽饼粕　由于棉籽脱壳程度及制油方法不同，营养价值差异很大。完全脱壳的棉仁制成的棉仁饼粕粗蛋白质含量可达40%～44%，而由不脱壳的棉籽直接榨油生产出的棉籽饼粕粗纤维含量达16%～20%，粗蛋白质含量仅为20%～30%。带有一部分棉籽壳的棉仁(籽)饼粕蛋白质含量为34%～36%。棉籽饼粕蛋白质的品质不太理想。棉籽饼中含有游离棉酚，一般不会对羊造成危害，但长期大量饲喂会引起中毒。一般在羊的配合料中游离棉酚含量在500毫克/千克以下为安全量。

③花生饼粕　饲用价值仅次于大豆饼粕，其能量和粗蛋白质含量都较高，粗蛋白质可达44%～48%。带壳的花生饼粕粗纤维含量为20%～25%，粗蛋白质及有效能相对较低。用于饲喂肉羊选择处理温度较高的花生饼粕效果较佳，并应注意霉变，防止黄曲霉毒素中毒。

④菜籽饼粕　粗蛋白质含量在34%～38%，适口性较差，并且含有有害物质芥子苷，在肉羊日粮中要限量(不超过10%)，并于其他饼粕搭配使用。

饼粕类饲料还有胡麻饼粕、芝麻饼粕、葵花籽饼粕等都可以作为肉羊蛋白质补充料。用量不宜过高，几种饼粕搭配使用效果好。

(2)玉米加工的副产品　玉米蛋白粉由于加工方法及条件不同，蛋白质的含量变化很大，在25%～60%之间。蛋白质的利用率较高，由于其比重大，应与其他体积大的饲料搭配使用。一般肉羊精料中可使用5%左右。

玉米胚芽饼粗蛋白质含量20%左右，由于价格较低，蛋白质品质好，近年来在肉羊日粮应用较多，一般肉羊精料中可使用15%左右。

玉米酒精糟粗蛋白质含量为20%～30%，并含有未知生长因子，但氨基酸含量及利用率都不理想，不适宜作为惟一的蛋白源。肉羊用量以20%以下为宜。

(3)单细胞蛋白质饲料　主要包括酵母、真菌及藻类。以酵母最具有代表性，其粗蛋白质含量40%～50%，生物学价值较高，含有丰富的B族维生素。肉羊日粮中用量一般不超过10%。

(4)尿素及其他非蛋白氮物质　尿素含氮46%左右，其蛋白质当量为288%，按含氮量计，1千克含氮为46%的尿素相当于6.8千克含粗蛋白质42%的豆饼。尿素的溶解度很高，在瘤胃中很快转化为氨。尿素饲喂不当会引起致命性的中毒，所以使用尿素时应注意以下几点：①瘤胃微生物对尿素的利用有一个逐渐适应的过程，尿素的用量应逐渐增加，应有2～4周的适应期，以便保持肉羊的采食量。②只能在6月龄以上的羊日粮中使用尿素，因为6月龄以下时瘤胃尚未发育完全。③尿素不宜单喂，应与其他精料搭配使用。也可调制成尿素溶液喷洒或浸泡粗饲料，或调制成尿素青贮料，或制成尿素颗粒料、尿素精料砖等。④不可与生大豆或含脲酶高的大豆粕同时使用。⑤禁止将尿素溶于水中饮用，喂尿素1小时后再给羊饮水。⑥尿素的用量一般不超过日粮干物质的1%，或每100千克体重用15～20克。⑦注意氨的中毒。当瘤胃氨的水平上升到80毫克/毫升，血氨浓度超过5毫克/毫升就可出现中毒，一般表现为神经症状、肌肉震颤、呼吸困难、强直性痉挛，0.5～25小时发生死亡。灌注醋酸中和氨或用冷水使瘤胃降温可以防止死亡。为降低尿素在瘤胃中的分解速度，改善尿素氮转化为微生物氮的效率，防止羊尿素中毒，可采用缓释型非蛋白氮饲料，如糊化淀粉尿素、异丁基二脲、磷酸脲、羟甲基尿素等。

3. 精饲料的加工处理

（1）粉碎　精饲料最常用的加工方法是粉碎，经粉碎后的籽实不仅便于咀嚼，增加饲料与消化液的接触面，提高饲料的消化率，而且粉碎后便于和其他饲料混合。

目前，一部分养殖户将饲料粉碎得过细。粗粉与细粉相比，粗粉可提高适口性，提高羊唾液分泌量，增加反刍，所以，不宜粉碎过细，稍加破碎即可。另外，籽实饲料经粉碎后，与空气的接触面积增加，容易吸湿反潮和氧化，尤其含脂肪丰富的籽实，粉碎后贮存不当，易变质且带苦味。因此，一次粉碎数量不宜过多。

（2）浸泡　豆类、油饼类、谷类籽实等经水浸泡后，因吸收水分而膨胀柔软，所含有毒物质和异味均可减轻，适口性提高，也容易咀嚼，从而利于消化。用水量随浸泡饲料的目的不同而有差异，以泡软饲料为目的时，一般料水比为1：1～1.5，即手握饲料指缝渗出水滴为准，饲喂前不需脱水，可直接饲喂。而以溶去有毒物质为目的时，料水比应达到1：2。饲喂前应滤去未被饲料吸收的水分。浸泡时间长短应随环境温度及饲料种类不同而异，以不引起饲料变质为原则。豆类饲料蛋白质含量高，夏天易腐败而产生有害物质，故不宜浸泡。

(3)*蒸煮和焙炒*　蒸煮或高压蒸煮可以进一步提高饲料的适口性。大豆经过蒸煮和焙炒可破坏其中的抗胰蛋白酶，从而提高大豆的消化率和营养价值。一般来说，肉羊因有瘤胃微生物的作用，不需经过加热处理，但羔羊除外。

(三)矿物质饲料

矿物质饲料一般指为羊提供食盐、钙源、磷源的饲料。肉羊禁用骨粉等动物饲料。

1. 食盐　补充植物性饲料中钠和氯的不足，提高饲料的适口性，增加食欲。肉羊喂量为精料的1%～2%。

2. 石粉　是廉价的钙源，含钙量一般为33%～38%。肉羊喂量为精料的1%左右。

3. 磷酸钙　磷酸氢钙含磷量18%以上，含钙量不低于23%；磷酸二氢钙含磷21%，钙20%；磷酸钙(磷酸三钙)含磷20%，钙39%，是常用的无机磷源饲料。肉羊喂量为精料的0.5%左右。

(四)饲料添加剂

饲料添加剂是指在配合饲料中加入的各种微量成分。其作用是完善饲料的营养性，提高饲料的利用率，促进肉羊的生产性能和预防疾病，改善产品品质等。

1. 微量元素添加剂　主要是补充饲粮中微量元素的不足。肉羊日粮中需要补充7种微量元素：铁、铜、锌、锰、钴、碘、硒。使用时养殖户应购买肉羊不同生理时期(如育成羊、繁殖母羊、育肥羊等)肉羊专用微量元素添加剂,切不可使用猪、鸡等畜禽的添加剂代替。

2. 维生素添加剂 成年羊的瘤胃微生物可以合成维生素K和B族维生素,肝、肾中可合成维生素C,一般除羔羊外,不需额外添加,只考虑补充维生素A、维生素D、维生素E。

3. 缓冲剂 包括小苏打(碳酸氢钠)、氧化镁等。主要作用是调节瘤胃酸碱度,增进食欲,保证羊的健康,提高生产性能,特别是大量使用青贮饲料或高精料育肥羊时一定要添加。比较理想的缓冲剂首推碳酸氢钠,其次是氧化镁。实践证明,缓冲剂以合适的比例混合共用,效果更好。

(1)碳酸氢钠 主要作用是调节瘤胃酸碱度,增进食欲,提高羊体对饲料消化率以满足生产需要。用量一般奶羊占精料混合料的1.5%～2%或占整个日粮干物质的0.75%～1%。肉羊占精料混合料的1%～1.5%,添加时可采用每周逐渐增加(0.5%、1%、1.5%)喂量的方法,以免造成初期突然添加使采食量下降。碳酸氢钠与氧化镁合用比例以2～3∶1较好。

添加碳酸氢钠,应相应减少食盐的喂量,以免钠食入过多,但应同时注意补氯。

(2)氧化镁 主要作用是维持瘤胃适宜的酸度,增强食欲,增加日粮干物质采食量,有利于粗纤维和糖类消化。用量一般占精料混合料的0.75%～1%或占整个日粮干物质的0.3%～0.5%。

4. 瘤胃发酵调控剂 包括瘤胃素、盐霉素等。可提高肉羊的增重及饲料转化率。舍饲绵羊饲喂瘤胃素,日增重比对照羊提高35%左右，饲料转化率提高27%。生长山羊饲喂瘤胃素，日增重比对照组提高16%～32%，饲料转化率提高13%～19%。瘤胃素的用量，羊每千克日粮25～30毫克。实际应用时应根据日粮组成确定最适宜剂量。要均匀混合在饲料中，最初喂量可低些，以后逐渐增加。出栏前5天停药。

5. 抗生素添加剂 由于抗生素饲料添加剂会干扰成年羊瘤胃微生物，一般不在成年羊中使用，只应用于羔羊。

(1)杆菌肽 以杆菌肽锌应用最为广泛，能抑制病原菌的细胞壁形成，影响其蛋白质合成和某些有害的功能，从而杀灭病原菌；能使肠壁变薄，从而有利于营养吸收；能够预防疾病（如腹泻、肠炎等），并能将因病原菌引起碱性磷酸酶降低的浓度恢复到正常水平，使羊正常生长发育，对虚弱羔羊作用更为明显。羔羊每吨饲料添加10～20克（42万～84万效价单位），无停药期。

(2)硫酸粘杆菌素 又称抗敌素、多粘菌素E。作为饲料添加剂使用时，可促进生长和提高饲料利用率，对沙门氏菌、大肠杆菌、绿脓杆菌等引起的菌痢具有良好的防治作用。但大量使用可导致肾中毒。

硫酸粘杆菌素如果与抗革兰氏阳性菌的抗生素配伍，具有协同作用。不能与土霉素、喹乙醇同时使用。我国批准进口的万能肥素即为硫酸粘杆菌素与杆菌肽锌复合制剂（5∶1）。集杆菌肽锌和粘杆菌素优点为一体，具有抗菌谱广、饲养效果好的特点。硫酸粘杆菌素作为饲料添加剂用量为每吨饲料不超过20克，出栏前7天停药。

(3)黄霉素 又名黄磷脂霉素。它干扰细胞壁结构物质肽聚糖的生物合成而抑制细菌生长繁殖，为畜禽专用抗菌促长药物。抗菌作用主要作用于革兰氏阳性菌，对革兰氏阴性菌作用较小，与其他抗生素不产生交叉耐药性。作为饲料添加剂不仅可以防治疾病，还可以降低肠壁厚度、减轻肠壁重量的作用，从而促进营养物质在肠道的吸收，促进动物生长，提高饲料利用率。

黄霉素用于肉羊，能促进分解淀粉和纤维素类微生物的生长，分解纤维素的速度提高了 15%，使 pH 值稳定在 6～7，可提高肉羊增重和饲料利用率。肉羊建议使用量为每吨饲料 5～10 克，无停药期。

二、肉羊饲料使用技术

全价配合饲料简称配合饲料。是根据动物不同品种、生理阶段和生产水平对各种营养成分的需要量，把多种饲料原料和添加成分按照规定的加工工艺配制成均匀一致、营养价值完全的饲料产品。

肉羊配合饲料就是把干草、青贮饲料和各种精料以及矿物质、维生素等，按营养需要搭配均匀，加工成适口性好的散碎料或块料或颗粒料。肉羊的饲料使用应根据肉羊不同的生理阶段，本着经济性的原则，选择多种饲料原料，进行合理搭配，可以使饲料营养得到互补，提高日粮营养价值和饲料利用率。

根据羊的消化生理特点，精饲料与粗饲料之间的比例，关系到肉羊的育肥方式和育肥速度，并且对肉羊健康十分必要。以干物质为基础，日粮中粗饲料比例一般在 40%～70%之间。

根据目前市场情况，肉羊的饲料分为肉羊预混料、浓缩料和精料补充料。

(一)肉羊的预混料使用技术

在实际生产中,添加剂种类很多,用量极小,如果直接向配合饲料中添加,很难混匀。因此,在向配合饲料添加之前,先将添加剂和合适的载体或稀释剂,通过一定的加工工艺混合均匀,以增大体积,提高在配合饲料中的添加量,使微量的添加剂能够在配合饲料中均匀分布。这种由一种或多种添加剂与载体和(或)稀释剂均匀混合后的混合物叫添加剂预混料,简称预混料。

肉羊的预混料包括单一预混料(如微量元素或维生素添加剂)和复合预混料(包括维生素、微量元素、小苏打等添加剂)。它是一种不完全饲料,不能单独直接喂肉羊。预混料在肉羊精料中的用量一般为1%～5%,养殖户购买时应了解预混料所含成分,按配方需要购买。为了方便使用,可购买复合预混料。但由于复合预混料中的微量元素对维生素的破坏作用,购买时应选购在产品有效期内的产品,并且出厂时间越短越好。使用时应根据产品标示,按说明使用。由于预混料占的比例较小,和精料混合时,应采取逐级稀释再混匀的办法。

(二)肉羊的浓缩饲料使用技术

肉羊的浓缩饲料是指蛋白质饲料、矿物质饲料(钙、磷和食盐)和添加剂预混料按一定比例配制而成的均匀混合物。浓缩饲料不能直接饲喂肉羊,使用前要按标定含量配一定比例的能量饲料(主要是玉米、麸皮),成为精料混合料,才能饲喂。

目前,市场上肉羊浓缩料品种很多,由于浓缩料在精料中的使用比例和饲喂不同生理阶段的肉羊,需要使用不同的浓缩料,所以浓缩料的营养成分也有很大差异,养殖户可以根据能量饲料(玉米、麸皮)和肉羊的生理阶段情况购买使用。

（三）肉羊的精料补充料使用技术

肉羊精料补充料又称精料混合料。是为了补充肉羊青粗饲料的营养不足而配制的饲料。由于肉羊的瘤胃生理特点，精料混合料使用时，应另喂粗饲料和多汁饲料。

肉羊精料补充料使用时，养殖户应首先根据粗饲料情况和肉羊的不同生理阶段购买不同的精料补充料。羔羊期不能用育成期的饲料，育肥羊不能用繁殖期料。如果粗饲料品种差，应购买粗蛋白质、能量高，质量好的饲料。

思考题

1. 肉羊常用粗饲料和精饲料包括哪几种？

2. 为什么粗饲料要进行加工处理？包括哪些方法？

3. 肉羊为什么要补充矿物质饲料和饲料添加剂？分别包括哪些内容？

4. 购买肉羊的预混料、浓缩饲料、精料补充料应注意什么问题？如何正确使用？

5. 使用尿素喂羊时应注意哪些问题？

第四章　肉羊的饲养管理与育肥技术

一、肉羊饲养管理技术

（一）羔羊培育技术

羔羊生长发育快、可塑性大，合理地对羔羊进行培育，既可以促使其充分发挥遗传性能，又能加强外界条件的同化和适应能力，有利于个体发育，提高生产力。

1. 初生羔羊的护理　羔羊因体质较弱，抵抗力差，易发病。所以，搞好羔羊的护理工作是提高羔羊成活率的关键。

（1）*“假死”羔羊的救治*　有些羔羊产出后，心脏虽然跳动，但不呼吸，称为“假死”。遇到这种情况，首先应把羔羊呼吸道内吸入的粘液、羊水清除掉，擦净鼻孔，向鼻孔吹气或进行人工呼吸。然后把羔羊放在前低后高的地方仰卧，手握羔羊前肢，反复前后伸屈，用手轻轻拍打其胸部两侧，或提起羔羊两后肢，使羔羊悬空并拍打其胸背部，使堵塞咽喉的粘液流出，并刺激肺呼吸。

严寒季节，放牧离舍过远或对临产母羊护理不慎，羔羊若产在室外，可能会因受凉而呼吸停止，周身冰凉。遇到此种情况时，应立即移入温暖的室内进行温水浴。洗浴时水温可由38℃逐渐升到42℃，羔羊头部应露出水面，切忌呛水，洗浴时间为20～30分钟。同时要采取急救“假死”羔羊的其他方法，使其复苏。

（2）*羊舍温度*　以5℃左右为宜。舍温合适不合适，可根据母仔表现来判断。若羔羊卧在母体上，表明室温低；母仔相卧距离很远，表明舍温过高。

（3）尽早吃好、吃饱初乳　母羊产后3～5天内分泌的乳称为初乳。由于初乳含镁盐较多，镁离子有轻泻作用，能促进胎粪排出，防止便秘；初乳还含有较多的抗体和溶菌酶，并含有一种叫K抗原凝集素的物质，几乎能抵抗各品系大肠杆菌的侵袭。初生羔羊在生后半小时以内应该保证吃到初乳。吃不到自己母羊初乳的羔羊，最好能吃上其他母羊的初乳，否则较难成活。

弱羔，或初产母羊、保姆性不强的母羊，需要人工辅助吃初乳。对于缺奶羔羊，最好为其找保姆羊，就是把羔羊寄托给死了羔或奶特别好的单羔母羊喂养。开始先把奶母的奶汁或尿液抹在羔羊的头部和后躯，以混淆奶母羊的嗅觉，直到奶母羊认为是自己的奶羔为止。

（4）加强对缺奶羔羊的补饲　羔羊是否吃饱，可用手摸腹腔胃容积的大小来判断。若羔羊频繁哺乳，边吸乳边顶撞乳房，且伴有鸣叫，表明母羊可能缺乳。对多羔母羊或泌乳量少的母羊，应适当补饲。一般宜用牛奶或人工奶，在补饲时应严格掌握温度、喂量、次数、时间及卫生消毒。

（5）搞好圈舍卫生　应严格执行消毒隔离制度。羔羊出生7～10天后，羔羊痢疾增多，主要原因是圈舍肮脏，潮湿拥挤，污染严重。这一时期要深入检查，包括检查食欲、精神状态及粪便，做到有病及时治疗。对羊舍及周围环境要严格消毒，对病羔隔离，对死羔及其污染物及时处理掉，控制传染源。

（6）加强运动　运动能增加羔羊食欲，增强体质，促进生长和减少疾病，从而为提高其肉用性能奠定基础。随着羔羊日龄的增长，应将其赶到运动场或附近的牧地上放牧，加强羔羊运动。

2. 羔羊的培育措施 羔羊的培育是指羔羊断奶前(3～4月龄前)的饲养管理。要提高羔羊的成活率,培育出体型良好的肉用羔羊,必须掌握以下3个关键:①加强泌乳母羊的饲养,促进泌乳量。②及时做好羔羊的补饲。③对母仔要精心细致地照顾管理。我国广大养羊地区,对羔羊的培育非常重视,并总结出很多经验。如"一专"到底(固定专人管理羔羊),保证"四足"(奶、草、水、料),做到"两早"(补料、运动),加强"三关"(哺乳期、离乳期及第一个越冬期)的饲养管理,是行之有效的技术措施。

一般羔羊生后15～20天起开始训练吃草、吃料。这时,羔羊瘤胃微生物区系尚未形成,不能大量利用粗饲料,所以,强调补饲高质量的蛋白质和纤维少、干净脆嫩的干草。把草捆成把子,挂在羊圈的栏杆上,让羔羊边玩边食。精料要磨碎,必要时炒香并混合适量的食盐和磷酸钙,提高羔羊食欲。为了避免母羊抢吃,应专为羔羊设补料栏。一般15日龄的羔羊每天补混合料50～75克,1～2月龄100克,2～3月龄200克,3～4月龄250克,1个哺乳期(4个月)每只羔羊需补精料10～15千克。混合料以黑豆、黄豆、豆饼、玉米等为好,干草以苜蓿干草、青野干草、青莜麦干草、花生蔓、甘薯蔓、豆秸、树叶等为宜。多汁饲料切成丝状,再和精料混饲喂。羔羊补饲应该先喂精料,后喂粗料,而且要定时定量喂给,不能零吃碎叼,否则不易上膘。

羔羊生后15～30天即可单独外出放牧。放牧应结合牧地青草生长状况、牧地远近程度以及羔羊的强弱,酌情考虑。一般首先在优良草地和近处放牧,随着羔羊日龄的增长,逐渐延长放牧时间和距离。我国目前有以下两种羔羊放牧形式。

(1)母仔合群放牧　母羊出牧时把羔羊带上，昼夜不离。这种方法适合于较小的羊群，而且牧地较近，羔羊健壮，单羔者居多。其优点是羔羊可以随时哺乳，放牧员可随时观察母仔的活动状况。缺点是羔羊一般跟不上母羊，疲于奔跑。母羊恋羔，见羔羊卧地走不动它也就不肯远走，所以往往放牧时吃不饱。

(2)母仔分群放牧　羔羊单独组群放牧，可以任意调节放牧的快慢速度，羔羊不易疲劳，能耐心吃草。但放牧地要远离母羊，以免相互鸣叫，影响双方吃草，甚至会出现混群。母仔分群放牧往往造成羔羊间隔哺乳时间过长，一顿饱，一顿饥，也不利于建立母仔感情。母羊归牧时，往往急于奔跑、寻羔，要加以控制，使母仔慢慢合群。这时牧工应检查有无母性不强的羊，这样的母羊乱奶羔、不奶羔，甚至不找羔。也要注意羔羊偷奶吃、不吃奶等现象。发现以上情况，应及时纠正，特别是帮助孤羔(或母羊)找到自己的母羊(或羔羊)。一般母、仔单独放牧，在羔羊以哺乳为主的时期，最好每隔 3～4 小时赶母羊回来奶 1 次羔。到 1.5～2 个月以后羔羊进入以采食为主的生长阶段，母羊可晚出早归，早晚补饲，母羊中午不回来喂奶。

3. 断奶　发育正常的羔羊，2～3 月龄即可断奶。断奶的方法多采用一次性断奶法，即将母、仔分开，不再合群。断奶后母羊移走，羔羊继续留在原羊舍饲养，尽量让羔羊保持原来的环境。断奶后，羔羊根据性别、强弱、体格大小等因素，加强饲养，力求不因断奶影响羔羊的生长发育。

(二)育成羊的饲养管理

1. 育成羊的生长发育特点

(1)生长发育速度快　育成羊全身各系统均处于旺盛生长发育阶段，与骨骼生长发育密切的部位仍然继续增长，如体高、体长、胸宽、胸深增长迅速，头、腿、骨骼、肌肉发育也很快，体型发生明显的变化。

（2）瘤胃的发育迅速　6月龄的育成羊，瘤胃迅速发育，容积增大，占胃总容积的75%以上，接近成年羊的容积比。

（3）生殖器官的变化　一般育成母羊6月龄以后即可表现正常的发情，卵巢出现成熟卵泡，达到性成熟。育成公羊具有产生正常精子的能力。8月龄左右时接近体成熟，可以配种。育成羊开始配种的体重应达到成年母羊体重的65%～70%。

2. 育成羊的饲养要点　育成羊的饲养是否合理，对体型结构和生长发育速度等起着决定性作用。饲养不当，可造成羊体过肥、过瘦或某一阶段生长发育受阻，出现腿长、体躯短、垂腹等不良体型。为了培育好育成羊，应注意以下几点。

（1）适当的精料营养水平　育成羊阶段仍需注意精料喂量，有优良豆科干草时，日粮中精料的粗蛋白质含量提高到15%～16%，混合精料中的能量水平以占总日粮能量的70%左右为宜。每天喂混合精料以0.4千克为好，同时还需要注意矿物质如钙、磷和食盐的补给。育成公羊由于生长发育比育成母羊快，所以，精料需要量多于育成母羊。

（2）合理的饲喂方法和饲养方式　饲料类型对育成羊的体型和生长发育影响很大，优良的干草、充足的运动是培育育成羊的关键。给育成羊饲喂大量而优质的干草，不仅有利于促进消化器官的充分发育，而且培育的羊体格高大，乳房发育明显，产奶多。充足的阳光照射和得到充分的运动可使其体壮胸宽，心肺发达，食欲旺盛，采食多。只要有优质饲草，可以少给或不给精料，精料过多而运动不足，容易肥胖，早熟早衰，利用年限短。

(3)适时配种　一般育成母羊在8～10月龄，体重达到40千克或达到成年体重的65%以上时配种。育成母羊不如成年母羊发情明显和有规律，所以要加强发情鉴定，以免漏配。8月龄前的公羊一般不要采精或配种，须在12月龄以后、体重达60千克以上时再参加配种。

(三)种公羊的饲养管理

种公羊在羊群中数量少，配种任务繁重。因此，必须科学饲养种公羊，以提高其配种效率和准胎率。种公羊要求体质结实，保持中上等膘情，性欲旺盛，精液量大且品质好。种公羊的精液量及品质，受日粮营养是否全价及管理是否科学的影响。

给种公羊所喂的饲料应因地制宜、就地取材，但要求日粮富含蛋白质、维生素和矿物质，同时要求饲草品质优良、易消化、体积小和适口性好。在管理上，单独组群饲养，要求有足够的运动量。种公羊的饲养管理可分为配种期饲养管理和非配种期饲养管理。

1. 非配种期的饲养管理　种公羊在非配种期虽然没有配种任务，但仍不能忽视饲养管理工作。除放牧采食外，应补充足够的能量、蛋白质、维生素和矿物质饲料。对体重80～90千克的公羊，在冬季和早春时期一般每天补给混合精料500克，干草3千克，胡萝卜0.5千克，食盐5～10克，磷酸氢钙5克。夏、秋季节以放牧为主，另补混合精料500克。

2. 配种期的饲养管理　配种期包括配种预备期1～1.5个月和配种期1.5～2个月及配种后复壮期1～1.5个月。

配种预备期应增加精料量，按配种期喂量的60%～70%给予，并逐渐增加到配种期的精料量。要定期抽检各公羊的精液品质，以决定每只公羊的利用强度。

配种期种公羊任务繁重，应加强饲养。配种期每日饲料定额大致为:混合精料1.2～1.4千克,苜蓿干草或野干草2千克,胡萝卜0.5～1.5千克,食盐15～20克,磷酸氢钙5～10克,酵母粉5克。每天分2～3次给草料,饮水3～4次。每天放牧及运动6小时。配种任务繁重时,可每天给鸡蛋1～2枚或牛奶0.5～1千克。燕麦是配种期的最好饲料。黍米(也称黄米)可改善性腺活动、提高精液品质,谷类、豆饼与麸皮混合饲喂比单喂更能提高精子生成量。维生素E对公羊性活动有良好的影响,其给量至少应比母羊提高50%,可酌情添加。为进一步提高公羊的射精量和精液品质,可在精料中添加二氢吡啶,其日喂量占精料重量的0.01%,在配种前1个月开始饲喂,直至配种期结束。

对于配种后复壮期的公羊,主要管理目标在于恢复体力、增膘复壮,其日粮标准和饲养制度要逐渐过渡到非配种期,不能变换太大、太快。

在种公羊的饲养管理中,还应强调以下几点:①种公羊每天都应保持有适当的运动,特别在舍饲饲养时更应重视。体况过肥的种公羊,是不会有良好性欲和配种能力的。②为保持种公羊有持久而旺盛的配种能力,应注意控制每日的交配或采精次数,不能过于频繁。在配种季节内,1.5岁的种公羊,每天采精不得超过2次;2.5岁以上的公羊,每天可采精3～4次。对本交的羊,应采取早晚撒群,白天公、母分开的方式饲养,这对羊安心采食有好处。③饲料中谷物含磷量高、日粮中谷物的比例加大时,如不注意补钙,就会导致钙、磷比例失调,所以,在补料的同时,应保证钙、磷比例不低于2.25∶1。④为有利于管理和提高羔羊的成活率,最好集中配种和集中产羔,不能将配种期拖得过长过晚。如果为了母羊的全配满怀而任意拖长配种时期,对公羊越冬不利。

(四)种母羊的饲养管理

1. 空怀母羊的饲养管理 加强母羊在配种前期及配种期的饲养,做到满膘配种,是提高母羊多胎性和受胎率的有效措施。配种前1～1.5个月,应对繁殖母羊加强放牧,突击抓膘;对部分膘情不好的羊要实行短期优饲,尤其要提高饲料能量水平,这对母羊配种受胎颇为有利。对瘦弱母羊配种前要加强补饲,尤其是小尾寒羊,由于常年繁殖,负担过重,使得多数母羊体况不佳,更应当加强补饲。

2. 妊娠母羊的饲养管理 母羊妊娠期根据胎儿生长发育的快慢和妊娠母羊对日粮营养需要量的多少,可以分为妊娠前期和妊娠后期两个阶段。妊娠前期为母羊妊娠的前3个月。此期胎儿发育较慢,所需营养与母羊空怀期大体一致。在青草季节,一般放牧即可,不用补饲。在枯草期,羊放牧吃不饱时,补喂些野干草或秸秆即可。管理上要避免吃霜草或霉烂饲料,不使羊群受惊猛跑,不饮冰碴水,不走暗冰道,不爬大坡,以防发生早期流产。

妊娠后期约2个月,是胎儿迅速生长的时期,胎儿初生重的约90%是在母羊妊娠后期增加的,故此期怀孕母羊对营养物质的需要量明显增加。据研究,妊娠后期怀孕母羊和胎儿共增重7～8千克,热能代谢比空怀母羊提高15%～20%。此期如果母羊的营养供应不足,就会导致一系列不良后果。如所生羔羊体小(有的仅重1.4千克)、毛少(有的刚露毛尖);胎龄虽然是150天,但生理成熟仅相当于120～140日龄的发育程度,等于早产;体温调节功能不完善;吮吸反射推迟;抵抗力弱,极易发病死亡等。母羊本身在分娩时也易出现衰竭、泌乳减少等问题。为此,在妊娠的最后5～6周,怀单羔母羊可在维持饲养基础上增加12%饲料,怀双羔则增加25%饲料。这样可提高羔羊初生重和母羊泌乳量。但此期母羊如养得过肥，会导致食欲不振，这反而也会导致胎儿营养不良。此期对母羊的一切管理措施都应围绕着保胎来考虑，进出圈要慢，翻山过沟要慢赶，饮水要防滑倒和拥挤，禁喂发霉变质和冰冻饲料。饮水时应注意饮用清洁水，早晨空腹不饮冷水，忌饮冰冻水，以防流产。补饲干草除大风雪天外，都应在运动场的草架上进行，因羊舍内氨气很重，干草易吸收这种氨味而使羊不爱吃。妊娠后期仍需坚持运动，每天放牧可达 6 小时以上，游走距离 8 千米以上。母羊临产前 1 周左右，不得远牧，以便分娩时能回到羊舍。

3. 哺乳母羊的饲养管理 母羊的哺乳期一般是 3～4 个月，可分为哺乳前期(哺乳前 2 个月)和哺乳后期(哺乳后 1～2 个月)。在哺乳前期，母乳是羔羊营养的主要来源，羔羊生长速度很快，为满足羔羊快速生长发育的需要，就得千方百计提高母羊的泌乳量。母羊补饲的重点放在哺乳前期。但多数地区，哺乳期正处于枯草季节或青草生长还很矮的季节，此时期除应延长放牧时间外，还应根据母羊所带单、双羔执行不同的补饲标准，精料量应比妊娠后期稍有增加。粗饲料以优质干草、青贮饲料和多汁饲料为主。管理上要保证饮水充足、圈舍干燥清洁，寒冷地区圈舍要有保温措施。产后 1～3 天，对膘情好的母羊不应补饲精料，以防消化不良或发生乳房炎。哺乳后期母羊泌乳能力渐趋下降，虽加强补饲，也很难达到哺乳前期的泌乳水平。更主要的是此期羔羊已能采食大量青草和粉碎饲料，对母乳的依赖程度减小，从 3 月龄起，母乳仅能满足其本身营养需要的 5%～10%。因此，哺乳后期的母羊，除放牧外，可补些干草，对仍不能满足营养需要或膘情较差的母羊，可酌情补饲精料。

（五）剪毛、药浴、去势、修蹄和刷拭

1. 剪毛 通常绵羊在每年春季剪毛1次，粗毛羊每年在春秋各剪毛1次。具体剪毛时间，主要取决于当地气候条件和羊群膘度。春季剪毛一般在5～6月份进行，秋季多在9月份进行。

（1）*剪毛前的准备* 在剪毛前12小时停止放牧、饮水和给料，雨淋、潮湿的羊体，要待羊毛晾干后再剪。剪毛应选在干净平整的地面，最好铺上苇席或在专用剪毛台上进行。

（2）*剪毛方法* 有手工剪和机械剪两种。剪毛顺序为：先使绵羊左侧卧在剪毛台上，背部朝向剪毛者，四肢朝外，从大腿内侧开始剪毛，剪完前后腿，将羊毛放在一边；然后从右后肋剪到右前肋，继由乳房处开始把腹部毛剪下；将羊翻转，腹毛朝向剪毛人，用左手拉开后腿，从腹部到体侧、肩部和脊椎部剪去左侧羊毛；再翻转羊体，使羊左侧卧在剪毛台上，剪羊体右侧的肩、体侧、臀和背部；最后剪右颈部和左颈部。剪皮肤皱褶部位时，应顺皱褶横向来剪。

（3）*剪毛注意事项* ①剪毛时先剪羯羊，再剪幼龄羊、种公羊和种母羊；②剪毛尽量不要伤皮肤，万一剪伤皮肤，应立即涂抹碘酊；③留毛茬高度以0.3～0.5厘米为宜，留茬即使偏高，也不要剪第二刀，以免影响羊毛利用；④对黑花毛、粪块毛、毡片毛及带有较多草刺、草棍的混杂毛，应单独剪下，分别包装出售；⑤对种公羊和核心群母羊，应做好剪毛量和剪毛后体重的测定和记录工作。

2. 药浴 疥癣病主要由螨虫寄生皮肤所引起，羊所寄生的主要是痒螨。疥癣病对养羊业的危害很大，不仅造成脱毛损失，更主要在于羊只感染后瘙痒不安，采食减少，很快消瘦，甚至死亡。药浴是治疗疥癣最彻底的方法。

（1）常用的药剂　0.05%辛硫磷乳油（100 升水中加 50 毫升辛硫磷乳油）或 80～200 毫克/升的速灭杀丁溶液。

（2）注意事项　①药浴时间应在剪毛后 7～11 天进行，第一次药浴以后，隔 7～14 天再重复药浴 1 次。②在药浴前 8 小时停止饲喂。在入浴前 2～3 小时，给羊饮足水，以免羊进入药浴池后，吞饮药液。③药浴方式有池浴、淋浴和盆浴。一般以池浴为多（药浴池建造见第六章），小型养殖户可使用盆浴。④正确安排药浴秩序。先将健康羊药浴，有疥癣病的羊最后药浴。⑤全身都要药浴。工作人员手持一带钝钩木棒，在药池两旁控制绵羊前进，使羊的头部不致浸入药液内；在近出口处，应故意用棒钩将羊的头部压入药浴池内 1～2 次。⑥注意羊只的安全和健康。离开滴流台后，羊只应免受日光照射，过6～8 小时以后，再喂羊或放牧。凡妊娠 2 个月以上的母羊不进行药浴。⑦工作人员应戴好口罩和橡皮手套，以防中毒。

3. 去势　凡不做种用的公羔或公羊，一律去势。去势以后的公羊或公羔，性情温驯，便于管理，饲料报酬高，肉品质量有所提高。去势时间一般在羔羊出生 2～3 周为宜，去势宜在上午进行，以便全天对去势羔羊进行护理。如遇天气变化或体弱羔羊，可适当推迟去势时间。

（1）手术法　须两人配合，1 人抓住羔羊两后腿，将羔羊半仰半蹲在木凳上。术者用左手将睾丸挤在阴囊底部，用碘酊消毒阴囊外部，右手持消毒后的手术刀或锋利的快刀切开阴囊底部（切口长度应以能挤出睾丸为宜），轻轻挤出睾丸，撕断或剪断精索即可。另一种方法是在阴囊侧下方切一开口，挤出一侧睾丸，再切开阴囊纵隔，挤出另一侧睾丸。切除睾丸后，用碘酊消毒伤口，或撒上消炎粉即可。术后将羔羊置于干燥干净处，以防感染。

(2)结扎法　羔羊生后1周，先将睾丸挤到阴囊下部，然后用橡皮筋或细绳将阴囊上部紧紧扎住，截断血液流通。经过10～15天，睾丸及阴囊萎缩自行脱落。此法简便易行，无出血，感染少。

(3)去势钳法　用专用去势钳在阴囊上部将精索夹断，睾丸会逐渐萎缩，但应有一定经验，精索应确实夹断方可。

4. 修蹄　种羊使用年限较长。因此，对蹄的保护十分重要。如不及时修整，形成畸形蹄，会使羊只行走困难，难以随群放牧，并导致运动不足而降低精液品质。修蹄时间应选雨后进行较好，因此时蹄角质被雨水浸软，容易修整。

修蹄时使羊蹲坐在地上，修蹄者用两腿夹住羊体两侧，手握前腿系部，右手持剪枝剪子，修平角质，切不可削得太深，以免伤及蹄肉，造成跛行，影响行走。先修前蹄，后修后蹄。一次修不好的，可隔2周后再修1次。羊只很重时可两人进行修剪，将羊放倒，1人保定，另1人修剪。

5. 刷拭　刷拭可以清除污垢，舒畅毛孔，增加散热量，调节体温，减少外界高温的影响。刷拭要用硬草刷或鬃刷自上而下，由前至后将羊体刷拭一遍。刷拭时要注意除去皮肤和毛上的粪便、碎草和脱落的皮肤残屑，保持皮毛清洁光顺。不易刷掉的粪便可用清水冲洗，然后擦干再刷拭。夏季晴天可把羊群赶进小河或水塘里洗澡，但阴冷天气不要赶羊下水，以防羊只感冒。对种公羊刷拭，不仅洁体、美观，而且能促进新陈代谢，提高精液品质。坚持每天8时刷拭1次为好。

二、肉羊育肥技术

(一)肉羊育肥的一般原则

1. 育肥进度和强度的确定 根据羊的品种类型、年龄、体格大小、体况等,制定育肥的进度和强度。绵羊羔羊育肥,一般细毛羔羊在8～8.5月龄结束,半细毛羔羊在7～7.5月龄结束,肉用羔羊6～7月龄结束。采用强度育肥的羔羊,一般要求体重不小于32～35千克。采用强度育肥,可获得高的增重效果,育肥期短;若采用放牧育肥,则需延长育肥期。

2. 选择合适的饲养标准和育肥日粮 由于育肥羊的品种类型、年龄、活重、膘情、健康状况不同,要根据育肥羊状况及计划日增重指标,确定合适的育肥日粮标准。小型品种的羔羊育肥需要稍低量的蛋白质和较高的增重净能,大型品种的羔羊则相反。早断奶和断奶的羔羊也需要提供不同的营养水平。刚断奶的4月龄羔羊应比7月龄羔羊的饲养水平高些。比如两类羔羊的育肥始重同为30千克,刚断奶的4月龄羔羊需要较多的精料和蛋白质,才能取得最大的日增重(表4-1)。

表4-1 不同月龄羔羊育肥的营养需要量

月 龄	计划日增重(克)	粗蛋白质(%)	消化能(兆焦/千克)
7月龄羔羊	295	14.7	13.39
4月龄羔羊	325	15.1	13.81

育肥日粮的组成应就地取材,同时搭配上要多样化。精料用量可以占到日粮的45%～60%。能量饲料是决定日粮成本的主要饲料,应以就地生产、就地取材为原则,配制日粮时应

先计算粗饲料的能量水平满足日粮能量的程度，不足部分再由精料补充调整，日粮中蛋白质不足时，要首先考虑饼粕类植物性高蛋白饲料，正常断奶羔羊和成年羊育肥日粮中也可添加适量的非蛋白氮饲料。日粮的供给量可结合当地经验和资源并参考表 4-2 来确定。

表 4-2　肉羊育肥期间每日每只需要饲料量　（单位：千克）

饲料种类	淘汰母羊	羔羊（14～50 千克体重）
干　草	1.2～1.8	0.5～1
玉米青贮饲料	3.2～4.1	1.8～2.7
谷实类饲料	0.34	0.45～1.4

3. 育肥羊舍的准备　育肥羊舍应该通风良好，地面干燥，卫生清洁，夏挡强光，冬避风雪。圈舍地面上可铺少许垫草。羊舍面积按每只羔羊 0.75～0.95 平方米，大羊 1.1～1.5 平方米，保证育肥羊的运动、歇卧。饲槽长度应与羊数量相称，每只羊平均饲槽长度大羊为 40～50 厘米，羔羊 23～30 厘米；若为自动饲槽，长度可缩小为大羊 10～15 厘米，羔羊 2.5～5 厘米，避免由于饲槽长度不足，造成羊吃食拥挤，进食量不均，从而影响育肥效果。

4. 自繁羔羊的早龄补饲　其目的是为了加快羔羊生长速度，缩小单、双羔及出生稍晚羔羊的体重差异，为以后提高育肥效果，尤其是缩短育肥期打好基础。详见羔羊培育部分。

5. 待育肥羊进舍时的管理　购入羊要在隔离场（区）观察不少于 15 天，经兽医检查确定为健康合格后，方可转入生产群。育肥羊到达育肥舍当天，给予充足饮水和喂给少量干草，减少惊扰，让其安静休息。休息过后，应进行健康检查、驱虫、药浴、防疫注射和修蹄等，并将其按年龄、性别、体格大小、体质强弱状况等组群。对于育肥公羊，可根据其品种、年龄决定是否去势。早熟品种 8 月龄、晚熟品种 10 月龄以上的公羊和成年公羊应去势，这有利于育肥并且所产羊肉不产生膻味。6～8 月龄以下的公羊不必去势，研究表明，不去势的公羔从达到上市标准的日龄看，要比去势公羔少 15 天，但平均出栏重反而比去势公羔高 2.27 千克，羊肉的味道却没有差别。显然公羔不去势比去势更为有利。育肥开始后，要注意针对各组羊的体况、健康状况及增重计划，调整日粮和饲养方法。最初 2～3 周要勤观察羊只表现，及时挑出伤、病、弱的羊，给予治疗并改善环境。

6. 育肥期日粮饲喂及饮水要求 一般每天饲喂 2 次，每次投料量以羊 30～45 分钟内能吃完为准。量不够要添，量过多要清扫。饲料一旦出现发霉或变质不宜饲喂。饲料变换时要有个过渡时期，绝不可在 1～2 天内改喂新换饲料。精饲料间的变换，应以新旧搭配，逐渐加大新饲料比例，3～5 天内全部换完。粗饲料换成精饲料，应以精料增加先少后多、逐渐增加的方法，10 天左右换完。用做育肥羊日粮的饲料可以草、料分开喂给，也可精、粗饲料混合喂给。由精、粗饲料混合而成的日粮，品质一致，并不易挑拣，故饲喂效果较好，这种日粮可以做成粉粒状或颗粒状。粉粒饲料中的粗饲料要适当粉碎，粒径 1～1.5 厘米，饲喂时应适当拌湿。颗粒饲料制作粒径大小为羔羊 1～1.3 厘米，大羊 1.8～2 厘米。羊采食颗粒饲料，可增大采食量，日增重提高 25%，减少饲料浪费，但易出现反刍次数减少而吃垫草或啃木桩等现象，胃壁增厚，但不影响育肥效果。

育肥期间不应在羊体内埋植或者在饲料中添加镇静剂、激素类等违禁药物。肉羊育肥后期使用药物治疗时，应根据所用药物执行休药期。达不到休药期的，不应作为肉羊上市。

育肥羊必须保证有足够的清洁饮水，多饮水有助于减少消化道疾病、肠毒血症和尿结石的发生率，同时可获得较高的增重。饮水夏季要防晒，冬季要防冻，雪水或冰水应禁止饮用。定期清洗消毒饮水设备。

（二）肉羊育肥方式与育肥技术

1. 肉羊育肥方式 有放牧育肥、舍饲育肥和混合育肥。

（1）放牧育肥 放牧育肥利用天然草场、人工草场或秋茬地放牧，羊采食青绿饲料种类多，容易获得全价营养，能满足羊生长发育的需要和达到放牧抓膘的目的。由于放牧增加了羊的运动量，并能接受阳光中紫外线照射和各种气候的锻炼，有利于羊的生长发育和健康。放牧育肥一般经过夏抓"水膘"和秋抓"油膘"两个阶段，实际就是由显著的肌肉增长转变为优势的脂肪沉积的过程。其优点是成本低和经济效益相对较高，缺点是常常受到气候和草场等多种不稳定因素变化的干扰和影响，造成育肥效果不稳定和不理想。育肥的关键，首先是掌握科学的放牧技术，经济地利用草场，使羊不但能吃饱，还要增膘快。其次是注意水、草、盐这几方面的配合，如果羊经常口淡、口渴，则会影响育肥效果。

育肥羊来源，大羊可以利用淘汰的公、母羊，两年未孕不拟繁殖的空怀母羊和患乳房炎的母羊；羔羊可以利用断奶后的非后备公羔。草场分配上，羔羊宜在以豆科草为主的草场上放牧育肥，因为羔羊的育肥主要是蛋白质的沉积，豆科牧草蛋白质含量高；成年羊和老龄羊可放牧在禾本科草为主的草场上，增重以沉积脂肪为主。在人工灌溉草场上，第一至第三年的草场宜放牧羔羊，多年的人工老草场因禾本科牧草比例增多，不宜放牧羔羊。草场质量不同，育肥效果相差很大。在放牧育肥前半期，可放牧稍差些的草场、草坡，后期尽量选好草场放牧，如果后阶段在苜蓿地、盐碱牧场或谷物茬地放牧，对提高育肥效果很有效。此外，产羔期的不同，对育肥效果也有影响。用于放牧育肥的羔羊，应考虑将产羔期适当提前，这可以延长羔羊利用青草期的时间，增加屠宰前活重，提高产肉性能。对于羔羊，放牧育肥每只每日采食青草量要达到4～5千克以上，日增重可达到200～300克。如遇到天气炎热和雨季，增重变慢，这是因为炎热可使进食量减少，而雨季则因青草水分含量高，干物质相对减少，两者均可使羔羊摄入营养量达不到日需要营养量的水平。这时，应适当加喂干草或补饲精料。

放牧育肥期的长短因羊类型不同而异。羯羊在夏场结束，淘汰母羊在秋场结束，中下膘情羊群和当年羔羊在放牧期之后适当补饲达到上市标准后结束。总之，放牧育肥不宜在春场和夏场初期结束。

(2)舍饲育肥　是根据羊育肥前的状态，按照饲养标准和饲料营养价值配制羊的饲喂日粮，并完全在舍内喂、饮的一种育肥方式。与放牧育肥相比，在相同月龄屠宰的羔羊，活重可提高10%，胴体重提高20%，故舍饲育肥效果好，能提前上市。在市场需求的情况下，舍饲育肥可确保育肥羊在30～60天的育肥期内迅速达到上市标准，育肥期短。此方式适于饲草、饲料丰富的农区。采取舍饲育肥，饲料投入相对较高，但可按市场需要实行大规模、集约化、工厂化养羊，使房舍、设备和劳动力得到充分利用，劳动生产效率较高，从而也能降低一些成本。

舍饲育肥羊的来源应以羔羊为主，其次来源于放牧育肥的羊群。如在雨季来临或旱年牧草生长不良时放牧育肥羊可转入舍饲育肥；当年羔羊放牧育肥一段时期，估计入冬前达不到上市标准的部分羊，也可转入舍饲育肥。

舍饲育肥羊日粮中精料可以占到日粮的45%～60%，随着精料比例的增高，育肥强度增大。加大精料喂量时，必须防止过食精料引起的肠毒血症和钙、磷比例失调引起的尿结石症等；防止肠毒血症，主要靠注射疫苗；防止尿结石，在以各类饲料和棉籽饼为主的日粮中可将钙含量提高到0.5%的水平或加0.25%氯化铵，避免日粮中钙、磷比例失调。

育肥圈舍要保持干燥、通风、安静和卫生，育肥期不宜过长，达到上市要求即可。舍饲育肥通常为75～100天，时间过短，育肥增重效果不显著；时间过长，饲料转化率低，育肥经济效益不理想。在良好的饲料条件下，育肥期一般可增重10～15千克。

(3)混合育肥　有两种情况：一是在秋末草枯后对一些未抓好膘的羊，特别是还有很大增重潜力的当年生羔羊，再延长一段育肥时间，在舍内补饲一些精料，经30～40天后再屠宰；二是指育肥羊完全通过放牧不能满足快速育肥的营养需求，而采用放牧加补饲的混合育肥方式。混合育肥较放牧育肥可缩短肉羊生产周期，增加肉羊出栏量和出肉量。前一种方式适用于生长强度较小及增重强度较慢的羔羊和周岁羊，育肥耗用时间较长，不符合现代肉羊短期快速育肥的要求；后一种方式适用于生长强度较大和增重速度较快的羔羊，同样可以按要求实现强度直线育肥。如果仅补草，应安排在归牧后；如果草、料都补，则可在出牧前补料，归牧后补草。在草、料的利用上要先喂次草、次料，再喂好草、好料。补饲量应根据草场情况而定，草场好则少补，草场差则多补。一般可按1只羊0.5～1千克干草和0.1～0.3千克混合精料补饲。混合育肥可使育肥羊在整个育肥期内的增重比单纯依靠放牧育肥提高50%左右，而且所生产羊肉的味道也较好。因此，只要有一定的补饲条件，还是采用混合育肥方式效果更好。

上述三种育肥方式比较，舍饲育肥增重效果一般高于混合育肥和放牧育肥。从单只羊经济效益分析，混合育肥、放牧育肥经济效益高于舍饲育肥；从大规模集约化羔羊育肥角度讲，舍饲育肥的生产效率及经济效益比混合育肥和放牧育肥高。

2. 肉羊育肥技术 包括羔羊早期育肥技术、断奶羔羊育肥技术和成年羊育肥技术3种。

(1)羔羊早期育肥技术 包括1.5月龄羔羊断奶全精料育肥和哺乳羔羊育肥两种方法。羔羊早期育肥时，为了预防羔羊疾病，常用一些抗生素添加剂，一般常用杆菌肽锌预混剂或黄霉素预混剂或硫酸粘杆菌素预混剂，并在出栏前按规定停药期停药。

①1.5月龄羔羊断奶全精料育肥 羔羊早期(3月龄以前)生长的主要特点是生长发育快，胴体组成部分的重量增加大于非胴体部分(如头、蹄、毛、内脏等)，脂肪沉积少。消化系统的特点是瘤胃发育不完全，消化方式与单胃家畜相似。羔羊所吸吮乳汁不经瘤胃的消化作用而由食道沟直接流入真胃被消化利用；补饲固体饲料，特别是整粒玉米通过瘤胃被破碎后进入真胃，然后转化成葡萄糖被吸收，饲料利用率高。而发育完全的瘤胃，微生物活动增强，对摄入的玉米经发酵后转化成挥发性脂肪酸，这些脂肪酸只有部分被吸收，饲料转化率明显低于瘤胃发育不全时。因此，采用1.5月龄早期断奶全精料育肥能获得较高屠宰率、饲料报酬和日增重。

1.5月龄羔羊早期断奶育肥后上市，可以缓解5～7月份羊肉供应淡季的市场供需矛盾。此外，全精料育肥只喂各类精饲料，不喂粗饲料，使管理简化。这种育肥方法的缺点是胴体偏小，生产规模受羔羊来源限制。

日粮配制可选用任何一种谷物饲料，效果最好的是玉米等高能量饲料。谷物饲料不需破碎，其效果优于破碎谷粒，主要表现在饲料转化率高和胃肠病少。使用配合饲料则优于单喂某一种谷物饲料。较佳饲料配合比例为：整粒玉米83%，黄豆饼15%，石灰石粉1.4%，食盐0.5%，维生素和微量元素0.1%。其中维生素和微量元素的添加量按千克饲料计算为维生素A、维生素D、维生素E分别是500单位、1 000单位和20单位；硫酸锌150毫克，硫酸锰80毫克，氧化镁200毫克，硫酸钴5毫克，碘酸钾1毫克。改用其他油饼类饲料代替黄豆饼时，日粮中钙、磷比例可能失调，应注意防治尿结石。

饲喂方式采用自由采食，自由饮水。饲料投给最好采用自动饲槽，以防止羔羊四肢踩入槽内，造成饲料污染而降低饲料摄入量和扩大球虫病与其他病菌的传播；饲槽离地面高度应随羔羊日龄增长而提高。如发现某些羔羊啃食圈墙时，应在运动场内添设盐槽，槽内放入食盐或食盐加等量的石灰石粉，让羔羊自由采食。饮水器或水槽内始终保持有清洁的饮水。

管理技术上应注意以下几个方面：①羔羊断奶前半月龄实行补饲。②断奶前补饲的饲料应与断奶育肥饲料相同。玉米粒在刚补饲时稍加破碎，待习惯后则喂以整粒，羔羊在采食整粒玉米的初期，有吐出玉米粒现象，反刍次数也较少，随着羔羊日龄增加，吐玉米粒现象逐渐消失，反刍次数增加，此属正常现象，不影响育肥效果。③羔羊育肥期间常见的传染病是肠毒血症和出血性败血症。肠毒血症菌苗可在产羔前给母羊注射或断奶前给羔羊注射，一般情况下，也可以在育肥开始前注射快疫、猝殂和肠毒血症三联菌苗。④育肥期一般为

50～60 天，其长短主要取决于育肥终体重，而终体重又与品种类型和育肥初重有关，如大型品种羔羊 3 月龄育肥终重可达到 35 千克以上；一般细毛羔羊和非肉用品种育肥 50 天可达到 25～30 千克以上（断奶重小于 12 千克时，育肥终重 25 千克左右；断奶重在 13～15 千克时，育肥终重达 30 千克以上）。

②哺乳羔羊育肥　也同样着眼于羔羊 3 月龄出栏上市，但不提前断奶，只是隔栏补饲水平提高，到时从大群中挑出达到屠宰体重的羔羊（25～27 千克）出栏上市，达不到者断奶后仍可转入一般羊群继续饲养。其目的是利用母羊的全年繁殖，安排秋季和冬季产羔，供节日（元旦、春节等）应时特需的羔羊肉。

哺乳羔羊育肥基本上以舍饲为主，从羔羊中挑选体格大、早熟性能好的公羔作为育肥对象。为了提高育肥效果，母仔同时加强补饲，要求母羊母性好、泌乳多，哺乳期间每天喂给足量的优质豆科干草，另加 0.5 千克精料。羔羊要求及早补饲，每天喂 2 次，饲料以谷粒饲料为主，搭配适当黄豆饼，配方同 1.5 月龄早期断奶育肥羔羊，每次喂量以 20 分钟内吃完为宜。另给上等苜蓿干草，由羔羊自由采食，干草品质差时，每只羔羊日粮中应添加 50～100 克蛋白质饲料。到了 3 月龄，活重达到标准者出栏上市。

（2）断奶羔羊育肥技术　断奶羔羊育肥是羊肉生产的主要形式，因为断奶羔羊除部分被选留到后备群外，大部分需出售处理。一般情况下，体重小或体况差的进行适度育肥，体重大或体况好的进行强度育肥，均可进一步提高经济效益。各地可根据当地草场状况和羔羊类型选择适宜的育肥方式。采用舍饲育肥或混合育肥后期的圈舍育肥，通常在入圈舍育肥之前先利用一个时期的较好牧草地或农田茬子地，使羔羊逐渐适应饲料转换过程，同时也可降低育肥饲料成本。

①预饲期的饲养管理　羔羊进入育肥圈后，不论采用强度育肥，还是一般育肥，都要经过预饲期。预饲期大约15天，可分为3个阶段：第一阶段为育肥开始的1～3天；第二阶段为第四至第十天；第三阶段为第十至第十四天。第一阶段只喂干草和保证充足饮水，目的是让羔羊适应新环境。这之后，仍以干草日粮为主，但逐渐更换为第二阶段日粮，第七天换完并喂到第十天，之后再逐渐更换为第三阶段日粮，第十四天换完，第十五天进入正式育肥期。第二、第三阶段参考日粮配方见表4-3。

表4-3　预饲期参考日粮配方

项　目	第二阶段	第三阶段
玉米粒(%)	25	39
干草(%)	64	50
糖蜜(%)	5	5
油饼(%)	5	5
食盐(%)	1	1
抗生素(毫克)	50	35
本日粮(风干状态)含		
蛋白质(%)	12.9	12.2
消化能(兆焦/千克)	10.5	11.34
钙(%)	0.78	0.62
磷(%)	0.24	0.26
精料∶粗料	36∶64	50∶50

②正式育肥期的饲养管理　预饲期结束进入正式育肥期。此期内应根据育肥计划和当地条件选择日粮类型，并在管理上区别对待。日粮类型可分为精料型、粗料型和青贮型日粮3种。

精料型日粮仅适于体重较大的健壮羔羊育肥用，入圈时活重绵羊羔为35千克左右，山羊羔为25千克左右。经过40～55天的强度育肥，初重35千克的健壮羔羊出栏重可达48～50千克。日粮配方为：玉米粒96%，蛋白质平衡剂4%，矿物质自由采食。其中蛋白质平衡剂的成分为上等苜蓿62%，尿素31%，粘固剂4%，磷酸氢钙3%，经粉碎均匀后制成直径0.6厘米的颗粒；矿物质成分为石灰石50%，氯化钾15%，硫酸钾5%，微量元素盐28%，抗生素预混剂50克加预混料454克占2%。日粮配方中，每千克风干饲料含蛋白质12.5%，总消化养分85%。本育肥日粮中不含粗饲料。为了保证每只羔羊每日摄入一些粗纤维(45～90克)，可以单独喂给少量秸秆，也可用秸秆当垫草来满足。饲养管理中应注意采用精料型日粮育肥羔羊，应使羔羊对饲料的适应期不少于10天，此期间最好使用普通饲槽，之后可转用自动饲槽。

粗料型日粮按投料方式分为普通饲槽用和自动饲槽用两种。前者把精料和粗料分开喂给，后者则是把精、粗料混合在一起制成粉状或颗粒状饲喂。普通饲槽用粗料型日粮，具体配方见表4-4和表4-5。玉米可用整粒籽实，也可以用带穗全株玉米。干草以优质豆科草为主，其蛋白质含量不低于14%。饲喂该日粮应严格按照渐加慢换原则，逐步转向育肥日粮的全喂量。达到全喂量后，将总量均分成两份，早、晚各喂1份。每次喂饲时，先喂蛋白质补充剂或玉米等，吃完后再给干草。干草如果叶少茎梗多，喂时应比规定给量多10%～20%。喂玉米时，如果羔羊吃后有剩余，说明喂量偏高，应及时加以调整。自动饲槽用粗料型日粮配方见表4-6和表4-7。配制成的日粮要求混拌均匀，保证自动饲槽容器内储放的饲料上下成色一致。带穗玉米要碾碎，以羔羊难以从中拣出玉米粒为宜，通常可用0.65厘米筛孔的筛子过一遍。每只羔羊每天喂量按1.5千克计算，自动饲槽内装足1天的用量，喂后再根据实际进食量酌情增减。

表4-4　粗饲料型日粮（普通饲槽用）之一

项　目	中等能量	低能量
玉米粒（千克）	0.91	0.82
干草（千克）	0.61	0.73
黄豆饼（克）	23	—
抗生素（毫克）	40	30
本日粮（风干状态）含		
蛋白质（%）	11.44	11.29
消化能（兆焦/千克）	12.34	11.97
代谢能（兆焦/千克）	10.13	9.83
钙（%）	0.46	0.54
磷（%）	0.26	0.25
精料：粗料	60：40	53：47

表 4-5　粗饲料型日粮(普通饲槽用)之二

项　目	中等能量	低能量
全株玉米(千克)	1.1	1
干草(千克)	0.3	0.45
蛋白质补充剂(千克)	0.15	0.11
本日粮(风干状态)含		
蛋白质(%)	11.44	11.33
消化能(兆焦/千克)	12.34	11.97
代谢能(兆焦/千克)	10.13	9.83
钙(%)	0.55	0.59
磷(%)	0.22	0.32
精料∶粗料	66∶34	58∶42

表 4-6　粗饲料型日粮(自动饲槽用)之一

项　目	中等能量	低能量
玉米粒(%)	58.75	53
干草(%)	40	47
黄豆饼(%)	1.25	—
抗生素(%)	1	0.75
本日粮(风干状态)含		
蛋白质(%)	11.37	11.29
消化能(兆焦/千克)	12.34	11.88
代谢能(兆焦/千克)	10.13	9.75
钙(%)	0.46	0.63
磷(%)	0.26	0.25
精料∶粗料	60∶40	53∶47

表 4-7 粗饲料型日粮(自动饲槽用)之二

项 目	中等能量	低能量
全株玉米(%)	65	58.75
干草(%)	20	28.75
蛋白质补充剂(%)	10	7.5
糖蜜(%)	5	5
本日粮(风干状态)含		
蛋白质(%)	11.12	11
消化能(兆焦/千克)	12.18	11.72
代谢能(兆焦/千克)	10	9.62
钙(%)	0.61	0.64
磷(%)	0.36	0.32
精料∶粗料	67∶33	59∶41

青贮饲料型日粮具体配方见表 4-8。此类型日粮以玉米青饲料为主,可占到日粮的 67.5%～68.5%,不适用于育肥初期和短期强度育肥羔羊,可用于育肥期在 80 天以上的体小羔羊,育肥羔羊先喂 10～14 天预饲期日粮,再逐渐转用该日粮。开始时适当控制喂量,逐日增加,10～14 天达到全量。日粮应严格按配方比例混匀,尤其是石灰石粉不可缺少。羔羊每日进食量不低于 2.3 千克,预期日增重为 110～160 克。

表 4-8 青贮饲料型日粮

项　目	配方 1	配方 2
碎玉米粒(%)	27	8.75
青贮玉米(%)	67.5	87.5
黄豆饼(%)	5	—
蛋白质补充剂(%)	—	3.5
石灰石(%)	0.5	0.25
维生素 A(单位)	1100	825
维生素 D(单位)	110	83
抗生素(毫克)	11	11
本日粮(风干状态)含		
蛋白质(%)	11.31	11.31
钙(%)	0.47	0.45
磷(%)	0.29	0.21
精料：粗料	67：33	33：67

（3）成年羊育肥技术　待育肥的成年羊来源主要为淘汰公、母羊及瘦弱羊。目前主要的育肥方式是混合育肥。夏季成年羊以放牧育肥为主，适当补饲精料，其日采食青绿饲料可达5～6 千克，精料 0.4～0.5 千克，折合成干物质 1.6～1.9 千克，含可消化蛋白质 150～170 克，育肥日增重 120～140 克。秋季主要选择淘汰老母羊和瘦弱羊为育肥羊，育肥期一般为80～100 天，日增重偏低，可采用两种方式育肥。一种是使淘汰母羊配上种，利用母羊怀胎后行动稳重，食欲增强，采食量增大，增膘快的特点，怀胎育肥 60 天左右屠宰；二是将淘汰母羊转入秋草场放牧或农田茬子地放牧，待膘情转好后，再转入

舍饲育肥。舍饲育肥期间日粮中应有一定数量的多汁饲料。表4-9是几种典型日粮配方,供生产参考。

表 4-9 成年羊育肥用参考日粮配方 (单位:千克)

项　目	配方 1	配方 2	配方 3	配方 4
禾本科干草	0.5	1	—	0.5
青贮玉米	4	0.5	4.0	3+其他多汁饲料 0.8
碎谷粒	0.5	0.7	0.5	0.4
尿素(克)	—	—	10	
秸　秆	—	—	0.5	
本日粮含				
干物质	2.03	1.86	2.04	1.91
代谢能(兆焦)	17.99	14.39	17.28	15.9
粗蛋白质(克)	206	167	175	180
钙(克)	11.9	13.2	9.3	10.5
磷(克)	5.2	5.8	4.6	4.7

有饲料加工条件的地区,成年羊育肥也可饲喂颗粒饲料,尽量利用秸秆饲料。表4-10为几种颗粒饲料配方,供参考。饲喂颗粒饲料时,最好采用自动饲槽投料,保证不断饮水,午后适当喂些青干草(按每只羊0.25千克)以利于反刍。雨天不宜在敞圈饲喂,避免颗粒饲料遇水膨胀变碎,影响采食和饲料利用率。颗粒饲料喂量,成年羊每天每只2.5～2.7千克,6月龄前羔羊为1.2～1.4千克,6～8月龄为1.8～2千克。应用普通饲槽人工投料时,每天投料2次,日给量以饲槽内基本无剩余饲料为宜。

表 4-10　成年羊和羔羊育肥用颗粒饲料配方　（%）

项　目	成年羊用		羔羊用	
	配方 1	配方 2	6 月龄前	6～8 月龄
禾本科草粉	35	30	39.5	20
豆科草粉	—	—	30	20
秸　秆	44.5	44.5	—	19.5
精　料	20	25	30	40
磷酸氢钙	0.5	0.5	0.5	0.5
本配方 1 千克含				
干物质(千克)	0.86	0.86		
代谢能(兆焦)	6.9	7.11	9.08	8.7
粗蛋白质(克)	72	74	131	110
钙(克)	4.8	4.9	9	7
磷(克)	2.4	2.5	3.7	3.4

思考题

1. 简述羔羊培育技术。
2. 种公羊饲养管理应注意哪些问题？
3. 简述剪毛、药浴、去势、修蹄和刷拭的操作要点。
4. 影响肉羊育肥效果的因素有哪些？
5. 简述肉羊育肥的一般原则。
6. 肉羊育肥方式有几种？

第五章　肉羊的卫生防疫措施

一、建立卫生消毒制度

卫生消毒是切断疫病传播的重要措施，无论是肉羊场还是家庭养殖都应建立卫生消毒制度，尽力减少疾病的发生。

（一）消 毒 剂

应选择对人、肉羊和环境安全、无残留，对设备无破坏和在羊体内不产生有害累积的消毒剂。如次氯酸盐、有机碘、过氧乙酸、生石灰、氢氧化钠、高锰酸钾、新洁尔灭、酒精等。

（二）消毒方法选择

对清洗完毕的羊舍、带羊环境、羊场道路及进入场区的车辆可采用喷雾消毒；人员的手臂、工作服、胶靴等可浸入药液消毒；出入人员必须经过消毒间，进行紫外线消毒；羊舍周围、入口、产床等可喷洒消毒。

1. 机械性清除　用机械的方法如清扫、洗刷、通风等清除病原体，羊舍地面和羊体被毛经常清洗，可将污物清除，病原体同时也被清除；通风也具有消毒的意义，可在短时间内使舍内空气交换，减少病原体的数量。

2. 物理消毒法　主要有高温、阳光、紫外线和干燥等方法。在实际消毒过程中，分别加以应用，如墙壁可火焰消毒；粪便残渣、垫草、垃圾以及倒毙病羊的尸体，应焚烧；金属制品可用火焰烧灼和烘烤进行消毒；牧场、草地、用具和某些物品主要是阳光的反复暴晒进行消毒。加热消毒主要用于防疫器械，工作服等，用高压锅103.43千帕20分钟效果最好，无条件的也可以用沸水煮20分钟以上。

3. 化学消毒法 化学消毒剂种类很多，各有特点，可按具体情况加以选用。在选择化学消毒剂时，应考虑对该病原体的消毒力强、对人畜的毒性小、不损害被消毒的物品、易溶于水、在消毒环境中比较稳定、不易失去消毒作用、价廉易得和使用方便等。①10%～20%生石灰乳剂、1%～10%漂白粉澄清液、1%～4%氢氧化钠（火碱）溶液，适于羊舍、场地消毒。②2%氢氧化钠溶液用于消毒池的药液，2%热氢氧化钠溶液用于羊舍、车船、粪便等消毒，消毒后用清水冲洗干净。③3%～5%来苏儿溶液用于羊舍、用具、污物消毒。

4. 生物热消毒 主要用于污染粪便的无害化处理。在粪便堆沤过程中，利用粪便中的微生物发酵产热，可使温度高达70℃以上。经过一段时间，可以杀死病毒、细菌（芽胞菌除外）、寄生虫卵等病原体而达到消毒的目的。

（三）消毒制度

1. 环境消毒 羊舍周围环境及运动场每周用2%氢氧化钠溶液或撒生石灰消毒1次；场周围、场内污水池、下水道等每月用漂白粉消毒1次；在大门和羊舍入口设消毒池，车辆、人员都要从消毒池经过，使用2%氢氧化钠溶液消毒，消毒池内的药液要经常更换。

2. 人员消毒 外来人员严禁进入生产区，必须进入时应彻底消毒，更换场区工作服和工作靴，且必须遵守羊场卫生防疫制度；工作人员进入生产区应更衣、手臂消毒和紫外线消毒，禁止将工作服穿出场外。

3. 羊舍消毒 羊舍卫生要保持干净，经常清扫，每季度用生石灰或来苏儿消毒1次，每年用火碱消毒1次，饲槽及用具要勤清洗，勤消毒。羊只饲喂后食槽应进行彻底清扫，定期对羊舍进行喷雾消毒或熏蒸消毒。

4. 用具消毒 可用0.1%新洁尔灭溶液或0.2%～0.5%过氧乙酸溶液定期对饲喂用具、料槽、饲料车等进行消毒；日常用具，如兽医用具、助产用具、配种用具等在使用前后均应进行彻底清洗和消毒。

5. 带羊环境消毒 可用0.1%新洁尔灭溶液、0.3%过氧乙酸溶液、0.1%次氯酸钠溶液等定期进行带羊环境消毒，有利于减少环境中的病原微生物，减少疾病的发生。

6. 羊体消毒 助产、配种、注射及其他任何对羊接触操作前，应先将有关部位进行消毒擦拭，以减少病原体的污染，保证羊只健康。

二、建立系统的防疫、驱虫制度

（一）疾病报告制度

发现异常羊只后，饲养人员应立即报告兽医人员，兽医人员接到报告后应立即对病羊进行诊断和治疗；在发现传染病和病情严重时，应立即报告相关部门，并提出相应的治疗方案或处理方案。

（二）新引入肉羊和病羊隔离制度

肉羊场应建立隔离圈，其位置应在羊场主风向的下方，与健康羊舍有一定的距离或有墙隔离。新引入肉羊应在隔离圈内隔离饲养15天，确认健康后才能与健康羊合群饲养。病羊进入隔离圈后应有专人饲喂，严禁隔离圈的设备用具进入健康羊圈；饲养病羊的饲养员严禁进入健康羊圈；病羊的排泄物应经专门处理后再用做肥料；兽医进出隔离圈要及时消毒；病羊痊愈后经消毒方可进入健康羊圈；不能治愈而淘汰的病羊和病死羊尸体应合理处理，对于淘汰的病羊应及时送往指定的地点，在兽医监督下加工处理；死亡病羊、粪便和垫料等送往指定地点销毁或深埋，然后彻底消毒。

禁止从疫区购羊；引进羊只前，须经当地兽医部门进行检疫，签发检疫证明书。

（三）严格消毒与杀虫制度

谢绝无关人员进入羊场，工作人员进入生产区要更换工作服；消毒池的消毒药水要定期更换；车辆与人员进出门口时，必须从消毒池上通过。为了有利于预防和扑灭肉羊疫病，肉羊场应做好杀虫工作。杀虫的方法很多，可根据不同的目的、条件，分别采用物理杀虫、生物杀虫或药物杀虫的方法。

鼠类是多种肉羊传染病的传播媒介和传染源，它们可以传播的肉羊传染病有炭疽、布氏杆菌病、结核病、口蹄疫、巴氏杆菌病等。灭鼠应从两方面进行：一是应从羊舍建筑和卫生措施方面着手，如经常保持羊舍及周围地区的整洁，使老鼠得不到食物；墙基、地面、门窗等方面都应力求坚固，发现有洞及时堵塞。另一方面，采用直接杀灭老鼠的方法，即器械灭鼠和药物灭鼠。

（四）定期进行预防接种制度

羊场应根据《中华人民共和国动物防疫法》及其配套法规的要求，结合当地的实际情况，有选择地进行疫病的预防接种工作，而且应注意选择适宜的疫（菌）苗、免疫程序和免疫方法。

1. 羊群疫苗接种计划　为了避免受到传染病的威胁，防患于未然，在平时就要有计划地对健康羊群进行免疫接种。羊用疫（菌）苗种类多，免疫方法各不相同。羊用疫（菌）苗主要有炭疽芽胞苗，布氏杆菌病菌苗，破伤风类毒素及抗毒素，羊快疫、羊猝殂、羊肠毒血症三联菌苗，羔羊痢疾菌苗，羊黑疫、羊快疫混合菌苗，羔羊大肠杆菌病菌苗，肉毒梭菌菌苗，肺炎支原体菌苗，羊痘疫苗，链球菌菌苗，口蹄疫疫苗，狂犬病疫苗，伪狂犬病疫苗。养殖户应从本场的实际情况出发，制定出适合本场特点的免疫程序，有效地预防传染病的发生。

2. 免疫预防中应注意的几个问题 在羊传染病的防疫中，往往由于疫(菌)苗用量或选择疫(菌)苗的种类不合适，而造成免疫效果不好，或出现免疫失败，造成羊大群感染发病，严重威胁养羊业的发展。因此，做好羊的免疫预防是十分必要的。

(1)疫(菌)苗的选择 羊的某些疫病在不同地域流行有细菌、病毒类型不同，选用预防的疫(菌)苗类型也应不相同，要选择针对本地区流行的疫病的疫(菌)苗才能达到预防本地区流行传染病的目的。

(2)防疫时间的确定 应根据本场各种疫病的流行特征确定。

(3)疫苗免疫方法的选用 严格按照疫(菌)苗规定的免疫接种途径选用恰当的免疫方法。

3. 常用的疫(菌)苗及使用方法

(1)Ⅱ号炭疽芽胞苗 预防羊炭疽。绵羊、山羊均皮下注射 1 毫升，注射后 14 天产生免疫力，免疫期 1 年。

(2)布氏杆菌猪型 2 号菌苗 预防羊布氏杆菌病。山羊、绵羊臀部肌内注射 0.5 毫升(含菌 50 亿个)；阳性羊、3 月龄以下羔羊和怀孕羊均不能注射。饮水免疫时，用量按每只羊服 200 亿个菌体计算，两天内分两次饮服；在饮服菌苗前，一般应停止饮水半天，以保证每只羊都能饮用一定量的水。应当用冷的清水稀释菌苗，并应迅速饮喂，菌苗从混合在水内到进入羊体内的时间越短，效果越好。免疫期暂定2年。

(3)布氏杆菌羊型5号菌苗　预防羊布氏杆菌病。此苗可对羊群进行气雾免疫。如在室内进行气雾免疫，菌苗用量按室内空间计算，即每立方米用50亿个菌，喷雾后羊群需在室内停留30分钟；在使用此菌苗进行羊气雾免疫时，操作人员需注意个人防护，应穿工作衣裤和胶靴，戴大而厚的口罩，如不慎被感染出现症状，应及时就医。

本菌苗也可供注射或口服用。注射时，将菌苗稀释成每毫升含菌50亿个，每只羊皮下注射10亿个菌；口服时，每只羊的用量为250亿个菌。本菌苗免疫期为1年半。

(4)破伤风明矾沉降类毒素　预防破伤风。绵羊、山羊各颈部皮下注射0.5毫升。平时均为1年注射1次；遇有羊受伤时，再用相同剂量注射1次，若羊受伤严重，应同时在另一侧颈部皮下注射破伤风抗毒素，即可防止发生破伤风。该类毒素注射后1个月产生免疫力，免疫期1年，第二年再注射1次，免疫力可持续4年。

(5)破伤风抗毒素　供羊紧急预防或防治破伤风之用。皮下或静脉注射，治疗时可重复注射1次至数次。预防剂量为1 200～3 000抗毒单位；治疗剂量为5 000～20 000抗毒单位。免疫期2～3周。

(6)羊快疫、羊猝狙、羊肠毒血症三联灭活菌苗　预防羊快疫、羊猝狙、羊肠毒血症。成年羊和羔羊一律皮下或肌内注射5毫升，注射后14天产生免疫力，免疫期6个月。

(7)羔羊痢疾灭活菌苗　预防羔羊痢疾。怀孕母羊分娩前20～30天第一次皮下注射2毫升，第二次于分娩前10～20天皮下注射3毫升；第二次注射后10天产生免疫力。免疫期母羊5个月，经乳汁可使羔羊获得母源抗体。

(8)羊黑疫、羊快疫混合灭活菌苗　预防羊黑疫和羊快疫。氢氧化铝灭活菌苗，不论年龄大小均皮下或肌内注射3毫升，注射后14天产生免疫力，免疫期1年。

(9)羔羊大肠杆菌病灭活菌苗　预防羔羊大肠杆菌病。3月龄至1岁龄的羊，皮下注射2毫升；3月龄以下的羔羊，皮下注射0.5～1毫升，注射后14天产生免疫力，免疫期5个月。

(10)羊厌氧菌氢氧化铝甲醛五联灭活菌苗　预防羊快疫、羔羊痢疾、羊猝殂、羊肠毒血症和羊黑疫。不论年龄大小均皮下或肌内注射5毫升，注射后14天产生可靠免疫力，免疫期6个月。

(11)肉毒梭菌(C型)灭活菌苗　预防羊肉毒梭菌中毒症。绵羊皮下注射4毫升，免疫期1年。

(12)山羊传染性胸膜肺炎氢氧化铝灭活菌苗　预防由丝状支原体山羊亚种引起的山羊传染性胸膜肺炎。皮下注射，6月龄以下的山羊3毫升，6月龄以上的山羊5毫升，注射后14天产生免疫力，免疫期1年。本品限于疫区内使用，注射前应逐只检查体温和健康状况，凡发热有病的不予注射。注射后10天内要经常检查，有反应者，应进行治疗。本品用前应充分摇匀，切忌冻结。

(13)羊肺炎支原体氢氧化铝灭活菌苗　预防绵羊、山羊由绵羊肺炎支原体引起的传染性胸膜肺炎。颈侧皮下注射，成年羊3毫升，6月龄以下幼羊2毫升，免疫期可达1年半以上。

(14)羊痘鸡胚化弱毒疫苗　预防绵羊痘，也可用于预防山羊痘。冻干苗按瓶签上标注的疫苗量，用生理盐水25倍稀释，振荡均匀，不论年龄大小，一律皮下注射 0.5 毫升，注射后 6 天产生免疫力，免疫期 1 年。

(15)山羊痘弱毒疫苗　预防山羊羊痘和绵羊羊痘。皮下注射 0.5～1 毫升，免疫期 1 年。

(16)兽用狂犬病 ERA 株弱毒细胞冻干疫苗　预防家畜(羊、猪、牛、马)的狂犬病。用灭菌蒸馏水或生理盐水稀释，羊注射 2 毫升。免疫期半年至 1 年。

(17)伪狂犬病弱毒细胞冻干疫苗　预防羊伪狂犬病。冻干苗先加 3.5 毫升中性磷酸盐缓冲液稀释，再稀释 20 倍。4 月龄以上至成年绵羊肌内注射 1 毫升，注苗后 6 天产生免疫力，免疫期 1 年。

(18)羊链球菌病活菌苗　预防绵羊、山羊败血性链球菌病。注射用苗以生理盐水稀释，气雾用苗以蒸馏水稀释。每只羊尾部皮下注射 1 毫升(含 50 万个活菌)，2 岁以下羊用量减半。露天气雾免疫每头剂量 3 亿个活苗，室内气雾免疫每头剂量 3 000 万个活菌。免疫期 1 年。

4. 定期驱虫制度　肉羊的寄生虫病发生普遍，危害严重，生产中应特别重视驱虫和药浴工作。驱虫可在春、秋两季各进行 1 次。常用药物有阿维菌素、丙硫咪唑等。

药浴主要是防治羊的体外寄生虫病，特别是羊螨病的防治。一般在剪毛后 10 天左右进行。药浴液可用 80～200 毫克/升速灭杀丁溶液等。

5. 疫病监测制度　肉羊饲养场应积极配合当地畜牧兽医行政管理部门按照《中华人民共和国动物防疫法》及其配套法规的要求，结合当地实际情况，制定疫病监测方案。常规监测的疾病应包括口蹄疫、羊痘、蓝舌病、炭疽、布氏杆菌病。还应根据当地实际情况，选择其他必要的疫病进行监测。

三、疫病扑灭措施

第一，疫情上报。发现疫情，应立即上报有关部门，成立疫病防治领导小组，统一领导防制工作。

第二，疫区或疫点应及时封锁隔离。各羊场应根据实际条件，选择适当场地建立临时隔离站。病羊在隔离站内观察、治疗；隔离期间，站内人员、车辆不得回场。疫病羊场在封锁期间，要严格监测，发现病羊及时转送隔离站，要控制羊只流动，严禁外来车辆、人员进场，每隔 7～15 天全场用 2%火碱水消毒，粪便、褥草、用具严格消毒、堆积处理，尸体深埋或化制(无害化处理)，必要时可做紧急预防接种。

第三，解除封锁。应在最后 1 头病羊痊愈、屠宰或死亡后，经过 2 周再无新病羊出现，全场经全面终末大消毒，报请上级有关部门批准后方可解除封锁。

四、肉羊疾病的诊断、检查与治疗

(一)视　诊

视诊是用眼睛细心观察羊群，如发现病羊，立即隔离和治疗。

患慢性疾病和寄生虫病的羊一般都很瘦弱，疾病后期往往皮包骨头。但要注意急性病的初期往往不会出现消瘦。病羊往往行动明显迟钝。健康羊胆小又灵活，发病后会明显变得迟钝，体温高的病羊则更为明显，中毒羊常常低头呆立，患寄生虫病的羊常显得懒散而疲倦。患慢性病的羊皮毛粗乱无光泽。肉羊眼结膜的正常颜色为淡红色，贫血和患寄生虫病的羊，眼结膜常常苍白，肺炎时常为紫红色，患急性臌胀病时可为青紫色。病羊食欲减少或废食，病情严重时完全废食。病羊多为反刍突然减少甚至停止。

肉羊正常的反刍时间和次数都有规律，反刍时多为躺卧，因而一般晚上多于白天。成都麻羊一昼夜的反刍时间平均为359分钟，其中白天反刍119分钟，夜晚240分钟；一昼夜共反刍24.2次，其中白天9.4次，夜晚14.8次。发生胃肠病或传染病时，反刍会减少甚至停止。

健康羊平均每分钟呼吸12～20次，急性发热时呼吸次数增加（爬坡及奔跑呼吸增加的除外），中毒时呼吸次数常减少。呼吸次数可根据肉羊胸腹部的起伏次数计算。

健康羊没有鼻液，感冒时常出现少量稀薄鼻液。羊鼻蝇病、支气管炎和肺炎时有粘性和脓性鼻液。

出现异常粪尿的羊多为病羊。羊下痢时粪便呈黑绿色，并混有血丝、脓液，常伴有恶臭。肾脏、膀胱等器官发病时，常有排尿困难、尿液浑浊或带虫现象，有时甚至有刺鼻的异味。

肉羊的正常体温平均为40℃（39℃～40.5℃），发生炭疽等传染病时体温可升高到42℃以上，而体温突然下降常常是羊濒临死亡的征兆。肉羊的体温可用体温计在肛门测定。

（二）触　诊

1. 触摸有关部位进行诊断　如检查羊的体表组织和胸部器官时，可用手指及手掌触压可疑部位；检查腹部时，可用两手从腹部的两面同时挤压，探测病变的情况。

触摸时发现皮肤发炎，长满痂片的常见于羊的疥癣病；皮下水肿多见于内寄生虫和厌气性梭菌引起的水肿；肌肉、骨骼发生肿胀、畸形和折断，多见于外科疾病；瘤胃积食时可摸到粘结的大食团；肠套叠时可摸到像香肠似的圆柱形物体；肝硬变时可摸到明显增大的肝脏和腹水。

2. 用手指代替叩诊器叩打诊断 左手中指或食指紧贴羊体，右手中指弯曲利用腕力叩打，从发出的不同声音中辨别羊体内器官病变的情况。

叩打时发出打鼓样的声音时，多为瘤胃急性臌胀；发出浊音多为大叶性肺炎肝变期(胸部)；腹膜炎时叩打腹部有痛感。

(三)听　诊

用听诊器听取病羊内脏活动的声音变化，来推测这些器官的病变情况。没有听诊器时，也可用块布盖在羊体上，把耳朵贴在布上听。羊的正常心跳次数为 90 次/分(70～123 次)，心跳次数增多且第一心音强盛常见于热性病，第二心音强盛常见于肺充血。健康羊的瘤胃每分钟蠕动 2～4 次，小肠蠕动 8～12 次，大肠蠕动 4～6 次。当羊发生瘤胃积食、臌胀和便秘等病变时，蠕动则明显减少；食入大量易发酵饲料，大量积水或腹泻时，肠蠕动音则明显增加。

(四)羊病的治疗

1. 常用给药方法 肉羊常用的给药方法主要有口服、直肠灌注和注射 3 种。

(1)口服　驱除羊体内寄生虫和治疗胃肠疾患的药物大多数由口灌服。方法是将羊站立，用腿夹住颈部，或者由助手抱住羊的颈部，给药人用左手拇指从羊嘴角插入，压住舌头，同时用右手将药瓶的瓶嘴从另一嘴角伸入嘴内，左手将羊头轻轻提起，然后将药液均匀地倒入。如药液较多，要缓慢灌服，防止灌得过猛而呛入气管。

(2)直肠灌注　便秘或驱除大肠后段寄生虫时，可用直肠灌注法。方法是站立保定病羊，将灌肠管慢慢插入肛门内，再提起漏斗把药物徐徐灌入肠内，如药液流得太慢，可轻轻抽动管子，加快药液灌入速度。

(3)注射　分皮下注射、肌内注射和静脉注射 3 种。皮下注射在股内侧进行，根据笔者的经验，为了提高注射速度，也可在前腿内侧有皱褶处进行，但无论在什么部位，都要用左手提起欲注射部位皮肤，使其形成皱褶，然后将针头呈 15°角插入皮下进行注射。肌内注射多在大腿内、外侧肌肉或颈部肌肉进行，以颈部肌肉注射为好，便于操作。在大腿内、外侧进行肌内注射，不仅部位难掌握，难操作，也容易将针头插到骨头，造成注射羊跛行。肌内注射不需要将皮肤提起，针头也不是呈 15°角而是呈 90°角插入，插入时要注意深度适中，也不能刺进血管。静脉注射的主要部位是颈静脉，注射时病羊站立或横卧均可，方法是在颈部注射部位剪毛消毒(在实际工作中也可直接消毒)，用左手压住颈部下端阻止血液回流，这时静脉鼓起似索状，右手将针头刺入，如果针头刺中静脉，注射器内会有血液流入，这时就可以进行颈静脉注射。如果针头插入过深，可慢慢退出一些，直至针筒内出现血液为止。

2. 常用药物与用量

(1)抗菌药物　以下药物休药期 14 天。

①青霉素钾　用于革兰氏阳性菌感染，肌内注射，1 万～1.5 万单位/千克体重，每天 2～4 次，连用 3～5 天。

②氨苄西林　用于革兰氏阳性和阴性菌感染，肌内注射，10～20 毫克/千克体重，每天 2 次，连用 3～5 天。

③阿莫西林　用于革兰氏阳性和阴性菌感染，肌内注射，4～7 毫克/千克体重，每天 2 次，连用 3～5 天。

④羧苄西林　用于革兰氏阳性和阴性菌感染，肌内注射，10～20 毫克/千克体重，每天 2 次，连用 3～5 天。

⑤硫酸链霉素　用于革兰氏阴性菌感染，肌内注射，

10～15 毫克/千克体重，每天 2 次，连用 3～5 天。

⑥硫酸卡那霉素　用于革兰氏阴性菌感染，肌内注射，10～15 毫克/千克体重，每天 2 次，连用 3～5 天。

⑦硫酸庆大霉素　用于革兰氏阳性和阴性菌感染，肌内注射，1 万～1.5 万单位/千克体重，每天 2～3 次，连用 3～5 天。

⑧盐酸土霉素　广谱抗生素，肌内注射，5～10 毫克/千克体重，每天 1 次，连用 3～5 天。

⑨强力霉素　广谱抗生素，静脉注射，1～3 毫克/千克体重，每天 2 次，连用 3～5 天。

⑩硫氰酸红霉素　用于革兰氏阳性菌感染，肌内注射，1～2 毫克/千克体重，每天 2 次，连用 3～5 天。

⑪磺胺嘧啶钠　广谱抗菌药，肌内注射，50 毫克/千克体重，每天 2 次，连用 3～5 天。

⑫磺胺间甲氧嘧啶钠　广谱抗菌药，肌内注射，50 毫克/千克体重，每天 2 次，连用 3～5 天。

(2)抗寄生虫药物

①丙硫苯咪唑　广谱驱虫药，对线虫、绦虫和肝片形吸虫均有良好效果，妊娠 45 天内禁用，口服，15～50 毫克/千克体重。屠宰前 6 天停药。

②氯氰碘柳胺钠　口服 10 毫克/千克体重，皮下注射 5 毫克/千克体重，屠宰前 28 天停药。

③氯硝柳胺　驱绦虫药，口服，60～80 毫克/千克体重。屠宰前 28 天停药。

④碘醚柳胺　驱吸虫药，口服，7～12 毫克/千克体重。屠宰前 60 天停药。

⑤吡喹酮　驱绦虫药，口服，15～30 毫克/千克体重。屠

宰前1天停药。

⑥贝尼尔　抗梨形虫及附红细胞体药，肌内注射，3～5毫克/千克体重。屠宰前28天停药。

⑦黄色素　抗梨形虫及附红细胞体药，肌内注射，3毫克（极量500毫克）/千克体重。屠宰前28天停药。

⑧莫能菌素　抗球虫药，口服，1～1.6毫克/千克体重，连用5～7天。

⑨地克株利（杀球灵）　抗球虫药，口服，1克/1000千克饲料，连用5～7天。

⑩阿维菌素　广谱驱虫药，对线虫、疥螨、痒螨、蠕形螨、蜱及其他节肢昆虫效果良好。口服或肌内注射，0.2毫克/千克体重，除线虫外，其他间隔7～10天再用药1次。屠宰前28天停药。

⑪二嗪农（螨净）　广谱杀虫药，药浴，20克/100升水；喷淋，60克/100升水，屠宰前28天停药。

⑫溴氰菊酯　广谱杀虫药，药浴或喷淋，2克/100升水，屠宰前7天停药。

思考题

1. 为什么要建立消毒制度？如何进行消毒？
2. 肉羊应当进行哪些传染病的免疫？
3. 为什么要定期驱虫？如何进行？

第六章　肉羊舍建造与设施

肉羊养殖场是肉羊进行生活和生产的重要场所，与羊的健康、繁殖和生产性能有直接的关系。合理建造羊舍首先要求符合肉羊的生活习性，为肉羊生活和生产提供一个舒适的环境。其次要求建筑成本低，并且经久耐用。

一、场址的选择与布局

（一）场址的选择

1. 地势　肉羊适宜生活在干燥、通风的地方，低洼潮湿的环境容易感染寄生虫及腐蹄病等疾病，影响肉羊的健康与生长发育。因此，肉羊养殖场应选择地势高燥、南向斜坡、排水良好、通风良好的地区，切忌在低洼易涝地、山洪水道、冬季风口、阴暗潮湿等处建场。地下水位要求在2米以下，最高水位要在青贮窖底部0.5米以下。

2. 土质　场区土质以砂壤土为最好，该土质透水性强，毛细管作用弱，有利于羊舍干燥清洁。粘壤土质处不宜建场。

3. 水源　要有清洁而充足的水源，严重缺水或水源严重污染的地方不宜建场，在山区建场时要特别注意水源和水质问题。

4. 周围环境　场区周围环境要好，没有污染。不要在疫区或其附近建场，所处地区在发生疫情时容易隔离、封锁。

5. 交通　羊场应建在交通方便的地方，但又不能紧靠交通要道、牲畜交易市场及畜产品加工场，以防外界疫源侵入。

一般羊场要距主要交通要道不少于 500 米，距一般道路不少于 200 米，距村庄 200 米以上，并且要在村庄的下风头。此外，还要考虑通讯和电力供应条件。

6. 饲草和饲料 规模化的肉羊养殖场，必须根据就地供应的原则解决饲草和饲料的供应问题。要在场区周围建立巩固的饲草、饲料供应基地，该基地要能满足羊场一年四季对优质干草和青贮饲料等粗饲料的需求，并能提供大部分精饲料，同时还要考虑未来发展对饲草、饲料的需要。规模化的肉羊场要避免远距离采购运输粗饲料，否则会加大生产成本，降低经济效益。

(二)育肥场的布局

羊场的建筑物包括羊舍、产房、人工授精室、兽医室、病羊隔离室、干草和饲料库、饲料加工间、青贮窖、水塔、办公室和生活区等。这些建筑物的布局是否合理，直接影响着肉羊的生长发育、劳动生产率的高低、土地的合理利用及基建投资等各个方面。因此，对规模化肉羊养殖场的布局必须周密考虑，要根据羊场的全面规划来安排，以保证生产的各个环节高效、有序进行。在布局时应把羊舍放在羊场的中心位置，修建数栋羊舍时，应长轴排列，前后对齐，羊舍之间的距离要满足卫生防疫的要求，在成年公、母羊羊舍之间或附近设置人工授精室。产房设在靠近母羊羊舍的下风头，或安排在母羊羊舍的一端。办公室和生活区应设在羊舍上风头的大门口附近，以防人、畜相互影响。饲料库和饲料加工间安排在门口附近，而且两者相距要近，以便于运输。青贮窖和干草库要处在羊舍的上风头，青贮窖距成年羊羊舍要近，便于取用，干草库距羊舍要远，以利于防火、防尘。在羊舍的下风头，距羊舍 100 米以上的地方，安排兽医室和病羊隔离室及堆粪场，以防疾病传播。

二、羊舍的建造

(一)基本要求

1. 羊舍及运动场面积 羊舍及运动场应有足够的面积，使羊在舍内不拥挤，可以自由活动。羊舍过窄时，羊拥挤，空气污浊，舍内潮湿，有碍羊只健康，并且饲养管理也不方便。羊舍面积过大，不但造成浪费，而且也不利于冬季保温。各类羊所需羊舍面积为：春季产羔母羊 1.1～1.6 平方米/只，冬季产羔母羊 1.4～2 平方米/只，群养公羊 1.8～2.25 平方米/只，种公羊(独栏)4～6 平方米/只，成年羯羊和育成公羊 0.7～0.9 平方米/只，1 岁育成母羊 0.7～0.8 平方米/只，去势羔羊 0.6～0.8 平方米/只，3～4 月龄的羔羊占母羊面积的 20%。产羔室可按基础母羊数的 20%～25%计算面积。运动场面积一般为羊舍面积的 2～2.5 倍。成年羊运动场面积可按 4 平方米/只计算。

2. 羊舍防寒、防热温度界限 冬季产羔舍温度最低应保持在 8℃以上，一般羊舍在 0℃以上；夏季舍温不超过 30℃。

3. 羊舍湿度 羊舍应保持干燥，地面不能太潮湿，空气相对湿度以 50%～70%为宜。

4. 羊舍采光 羊舍要求光照充足，采光系数成年绵羊舍为 1∶15～25，高产绵羊舍 1∶10～12；羔羊舍 1∶15～20；产羔室可小些。

5. 羊舍通风换气 通风的目的是降温。换气的目的是排出舍内污浊空气，保持舍内空气新鲜。通风换气参数为：成年绵羊冬季 0.6～0.7 立方米/分钟·只，夏季 1.1～1.4 立方米/分钟·只；育肥羔羊冬季 0.3 立方米/分钟·只，夏季

0.65 立方米/分钟·只。

（二）建筑类型

1. 家庭小型肉羊场的建造 家庭小型肉羊场主要有两种形式，一是庭院式羊场，二是“四统一分”式羊场。

(1)庭院式羊场 这种羊舍没有固定的建筑模式。可利用旧屋、空猪圈等改建而成。也可在院中建简易羊舍，舍顶用茅草或其他避雨物覆盖，四周用泥土筑墙，向阳面仅筑 1.2～1.5 米的半墙，上面敞开，或舍墙用泥土筑成或石块砌成，围墙用土石筑成或竹条等编扎而成。简易羊舍三面有墙，一面敞开，其优点是结构简单、建筑简便、经济实用、投资较少、夏季空气流通好、阳光充足、舍内凉爽。缺点是坚固性差、易受风雨侵袭、冬季较寒冷。庭院式羊场可利用家庭旧房舍，羊舍建筑投资少，管理方便，适合千家万户进行小规模饲养肉羊，饲养数量少，为副业性经营。但在院落或街道上羊粪尿多，气味难闻，不卫生，不利于村镇文明建设，也不利于防疫，尤其是对一些人畜共患病不好控制。目前，利用庭院养羊仍然是我国农村的一种主要养羊方式。

(2)“四统一分”式羊场 是在村外建养羊小区(图 6-1)，实行“四统一分”管理，即羊舍实行统一规划、统一设计、统一建设、统一服务和每户承租 1 个或几个单元的羊舍进行分户饲养。这种方式可以把养羊户组织起来，形成小群体大规模养羊，便于统一服务和采用先进的科学技术，适合规模化生产，容易形成销售市场。同时，这种羊场是在村外建养羊小区，克服了庭院式羊场对村镇环境的污染。实践证明，在我国农村目前生产条件下，“四统一分”式羊场是一种凝聚分散养殖户进行规模化生产的一种有效方式，但也存在羊只和饲养员流动性大而不利于防疫和农户饲养管理不方便等问题。目前，北京顺义建立一种在“统一规划、统一设计、统一建设、统一服务”基础上的由农户集资入股、股份制经营的羊场。这种羊场以农户集资进行统一购羊和饲养的形式替代了“四统一分”羊场农户独立购羊、独立饲养的形式，克服了“四统一分”式羊场不好防疫和农户饲养管理不方便等问题，值得借鉴。上述形式的羊场，实质是规模养羊。因此，羊场的设计与建造可参照规模化肉羊场的建造。

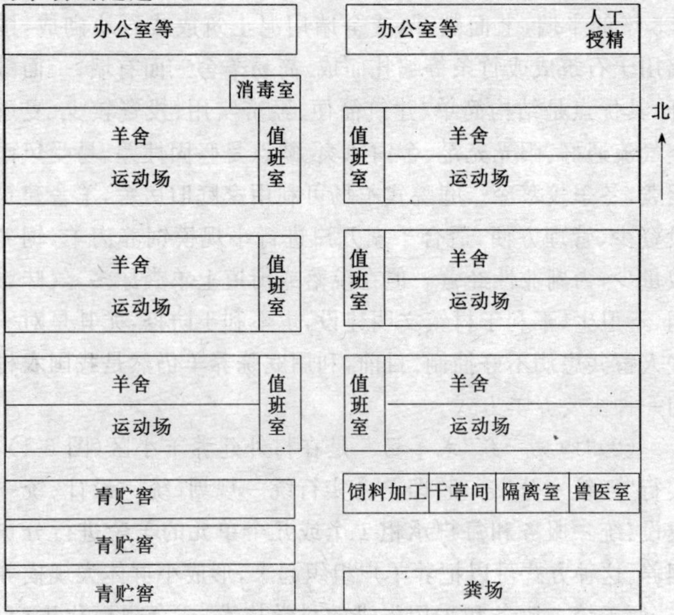

图 6-1　养羊小区平面图

2. 规模化肉羊场的建造

(1)羊舍基本结构

①地面　是羊躺卧休息、排泄和生产的地方。羊舍地面有实地面和漏缝地面两种类型。实地面又以建筑材料的不同有

粘土、三合土、石地、水泥地、砖地、木质地面等。粘土地面易于去表换新，造价低廉，但易潮湿和不便消毒，干燥地区可采用。三合土地面，以石灰：碎石：粘土比例为1：2：4混合后夯实而成，较粘土地面好。砖地面和木质地面保暖，也便于清扫和消毒，但成本较高，适合于寒冷地区和冬季产房、哺乳羔羊舍地面等采用。石地面和水泥地面不保温、太硬，但便于清扫与消毒，用于饲料间、人工授精室、兽医室等地面较好。漏缝地面用木条、竹条或镀锌钢丝网等材料做成，能给羊提供干燥的卧地，适于潮湿多雨地区及经济价值高的种羊使用。木条宽3.2厘米，厚3.6厘米，间隙1～1.5厘米，必须结实，宽窄、厚薄均匀、面平。

②墙、屋顶　墙和屋顶对羊舍起保温和隔热作用，此外，屋顶还具有防雨水作用。我国常采用土墙、砖墙和石墙等。土墙造价低，保温好，但易潮湿和不易消毒，小规模简易羊舍可采用。砖墙有半砖墙、一砖墙和一砖半墙等，墙越厚保温性能越好，但建筑成本越高，北方寒冷地区可适当增加墙壁厚度。石墙坚固耐久，但导热性大，寒冷地区使用效果差。国外，采用金属铝板、胶合板、玻璃纤维材料建成保温隔热墙，效果很好。屋顶建筑常用材料有石棉瓦、泥、塑料薄膜、油毡等，其上可建天棚，以增强羊舍的保温和隔热性能。屋顶可为单坡式或双坡式，羊舍净高度一般不低于2.5米，寒冷地方羊舍可适当低一些，以利于保温。南方多雨地区羊舍顶应有严密的防漏装置，墙基要有排水设施。

③门、窗　羊舍的门、窗应尽量宽敞些，以保持舍内通风干燥和足够的光照，使舍内的硫化氢、氨气、二氧化碳等有害气体能尽快排出。舍门高度2米，门宽度育肥羊1.2米，繁殖母羊1.5～3米。窗户面积一般为羊舍地面面积的1/15，下缘

离地高1.5米，南窗应大于北窗。为防止冬、春贼风的侵袭，也可在舍顶设可调节的气窗。多风沙地区门、窗可增加盖板，门、窗和通风天窗等应有加固装置。

④运动场　运动场一般设在羊舍的南面，低于羊舍地面60厘米以下，向南缓缓倾斜以利于排水。以砂质壤土为好，便于排水和保持干燥。夏季炎热地区，羊舍及运动场应有遮荫设施。运动场四周设围栏或砌墙，高2～2.5米。

(2)羊舍类型　羊舍类型多种多样，根据屋顶形式有单坡式、双坡式及拱形等，根据通风情况有封闭式、敞开式、半敞开式和塑料暖棚羊舍等多种类型，根据羊床在舍内的排列形式有单列式、双列式等。无论哪种形式，我国的羊舍多建成长方形，因为长方形羊舍构造简易，便于分群，饲养管理也较方便。各地可根据当地的自然条件、饲养规模和经济情况选择建造合适的羊舍类型。

长方形羊舍其内部布局、结构及运动场的设置则因饲养地区、饲养方式等有所不同。羊舍为长方形，屋顶中央有脊，两侧有陡坡(两出水)，又称为双坡式。墙壁采用砖、石、土坯结构筑成，门设在南墙，一般为1.2米以上宽的双扇门，南墙和北墙都设有窗，南侧墙留窗数量多，面积大，北侧墙设1～2个小窗口即可。这种羊舍，夏季能通风、透光，较凉爽；冬天向阳、背风，比较暖和，有利于羊的健康。以放牧为主的羊场，羊只多在露天过夜，仅在冬、春寒冷季节在羊舍内休息，饮水、补饲多在运动场进行，舍内的设施较少。以舍饲为主的羊场，羊只多在舍内和运动场活动，舍内应有固定的草架、饲槽、饮水槽。如羊舍为双列对头式，则中间为走道，走道两侧修建固定式饲槽等，若为双列对尾式羊舍，则走道、饲槽等靠两侧窗户。双列羊舍的运动场可修在羊舍外的一侧或两侧。羊舍内可根据需要隔成小间，运动场同样可分隔。为减少跨度，也可盖单坡式（向后面出水又称一出水），前墙高 2.4 米，后墙高 1.8 米即可。

长方形羊舍有开放、半开放结合单坡式羊舍，半开放双坡式羊舍（图 6-2）和封闭双坡式羊舍（图 6-3）等。开放、半开放结合单坡式羊舍，适合于炎热地区和当前经济较落后的牧区。半开放双坡式羊舍适合于比较温暖的地区或半农半牧区，封闭双坡式羊舍，四周墙壁封闭严密，保温性能好，适合寒冷地区。

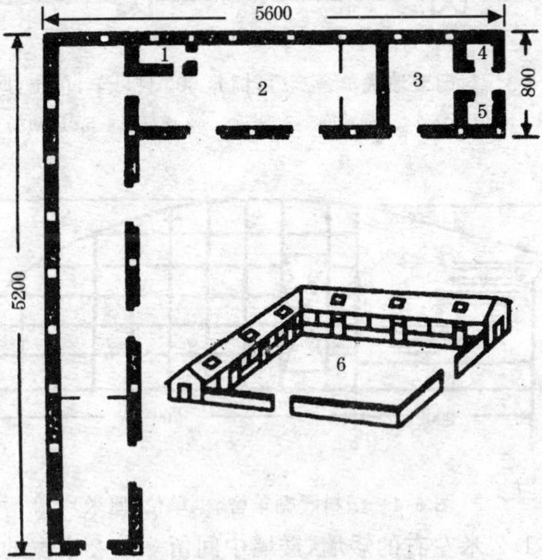

图 6-2　半开放双坡式羊舍　（单位：厘米）

1. 人工授精室　2. 普通羊舍　3. 分娩室

4. 值班室　5. 饲料间　6. 运动场

塑料暖棚羊舍（图 6-4）适宜于北方寒冷地区。这种羊舍以原有三面围墙的敞棚圈舍为基础，在距棚前房檐 2～3 米处

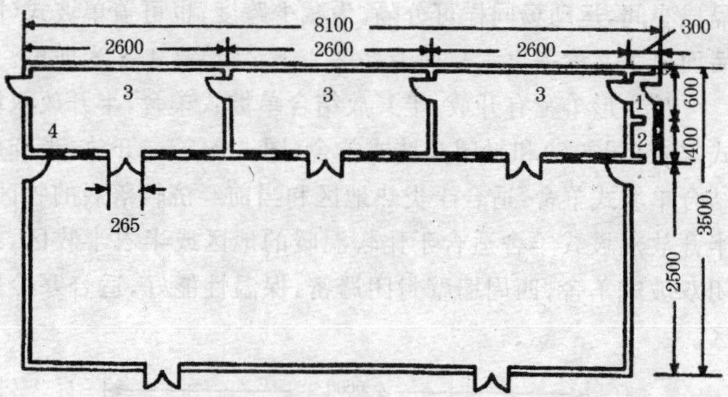

图 6-3　封闭双坡式羊舍　（可饲养 600 只母羊，单位：厘米）

1. 值班室　2. 饲料间　3. 羊舍　4. 通气管　5. 运动场

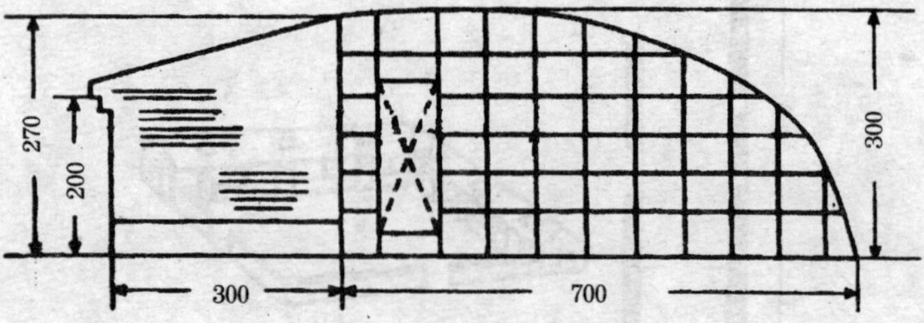

图 6-4　塑料暖棚羊舍　（单位：厘米）

筑一高 1.2 米左右的矮墙，矮墙中间留一约 2 米宽的舍门，矮墙顶端与棚檐之间用木杆支撑，扣棚角度一般为 35°～45°，上面覆盖塑料薄膜，再用木条加以固定，塑料薄膜与棚檐和矮墙连接处用泥土压紧，防止透风。也可覆盖两层薄膜，底面一层用木杆撑起展平，上面一层利用竹片等支成中空，成拱形构造，拱高 50 厘米，利用中间空气层形成保温层。舍门用门帘遮挡，在东西两墙距地面1.5米处各留1个可控制开关的进气孔。在棚顶最高处也留两个与进气孔直径相当的可调节排气窗。这种羊舍在气温降至0℃～5℃时，棚内温度可较棚外提高5℃～10℃；气温降至－20℃～－30℃，棚内温度可较棚外提高20℃左右。其原理是利用白天太阳能的蓄积和羊体自身散发的热量，达到防寒保温的目的。塑料暖棚羊舍适合在高寒地区或冬季采用。塑料暖棚养羊，应根据舍内温、湿度等随时调节进气孔和排气窗的大小。羊出棚时，要提前打开进气孔、排气窗和圈门，逐渐降低舍温，使舍内气温与舍外气温大体一致再出棚，否则易引起羊只风寒感冒。由于塑料薄膜易损坏，要时常观察修补，舍内粪便要及时清除，勤垫干土，保持舍内清洁干燥。

三、养羊常用设施

（一）饲　槽

饲槽有移动式和固定式两种，规模化肉羊场采用舍饲饲养，均用砖、石、水泥等材料在羊舍内建造固定式饲槽。饲槽要求上宽下窄，一般高度40～50厘米，上宽50厘米，深25厘米，槽壁用水泥抹光，槽底做成"U"字形。长度以羊只数量而定，一般成年羊占用长度为30～45厘米，羔羊20～30厘米。为便于羊只采食，在饲槽上部用圆形钢管制作颈枷，用于固定羊只，以免自由走动和采食时互相影响。

（二）草　架

草架用于在运动场内给羊补饲干草。羊喜食干净饲草，若将干草置于地面饲喂，则易污染，羊只不愿采食，食后还易引发疾病。因此，在运动场内设置草架十分必要。草架形式多样，有靠墙设置的单面草架，有在运动场中央设置的双面草架，还有钢筋制作的圆形草架。各种草架栅栏隔条之间的距离分为两种，不使羊头进入吃草的为 9～10 厘米，使羊头自由进入吃草的为 15～20 厘米。

（三）母 仔 栏

母仔栏用于母羊分娩，一般为两块栅板用铰链连接而成。栅板高 100 厘米，长 120～150 厘米，使用时成直角展开，并固定在墙壁上，围成母仔栏，供一只母羊及其羔羊单独使用。

（四）补 饲 栏

用于给哺乳羔羊补料。结构类似母仔栏，但在栏上设有小门，大小只能允许羔羊自由出入，而大羊无法进入。

（五）供水设施

羊场必须有水井、水塔等设施，水源必须洁净，并用管道引入到羊舍和运动场内。在羊舍内和运动场内要安装自动饮水器，以节约用水，防止污染，并可保持环境干燥。

（六）磅秤和羊笼

磅秤用于定期称量羊只体重，以监测肉羊的生长发育状况和衡量饲养人员的管理水平，因而羊场应设置一些小型地秤。为便于称量，需用木材、钢筋等材料制成长方形羊笼，大小可根据羊的体型决定，一般长 120～140 厘米，宽 60 厘米。笼的两端设置活门，供肉羊称量体重时进出。

（七）药 浴 池

为了预防羊体外寄生虫病的发生，一般每年春季剪毛后 10 天给羊进行药浴。因此，药浴池是羊场必不可少的设施。浴池一般用水泥筑成，形状为长方形水沟状。池深 1 米左右，长 10～15 米，底宽 30～60 厘米，上宽 60～100 厘米。池的入口端为陡坡，出口一端用石、砖砌成或栅栏围成贮羊圈。出口一端还设有滴流台，羊出浴后，可在滴流台上停留片刻，使身上的药液流回池内。贮羊圈和滴流台的大小可根据羊只数量确定，但要修成水泥地面。

羊数较少的农户可建1个简易临时药浴池，先挖1个长10米左右，深1米的梯形沟，沟的两端呈斜坡状，然后铺上帆布，使沟的四周不漏水即可，药浴出口处地面也铺上帆布，使羊出浴后身上的药液能流回池中。

思考题

1. 如何进行肉羊场场址的选择？
2. 肉羊场应如何布局？
3. 羊舍的建造有哪些要求？
4. 肉羊场建筑类型包括哪些？

怎样提高养獭兔效益 8.00 元
肉兔高效益饲养技术（修订版） 12.00 元
肉兔标准化生产技术 7.50 元
养兔技术指导（第三次修订版） 12.00 元
肉兔无公害高效养殖 12.00 元
实用养兔技术 7.00 元
家兔配合饲料生产技术 10.00 元
家兔饲料科学配制与应用 8.00 元
家兔良种引种指导 8.00 元
兔病防治手册（第二次修订版） 10.00 元
兔病诊断与防治原色图谱 19.50 元
兔出血症及其防制 4.50 元
兔病鉴别诊断与防治 7.00 元
獭兔高效养殖教材 6.00 元
家兔防疫员培训教材 9.00 元
毛皮兽养殖技术问答（修订版） 12.00 元
毛皮兽疾病防治 10.00 元
新编毛皮动物疾病防治 12.00 元
毛皮动物饲养员培训教材 9.00 元
毛皮动物防疫员培训教材 9.00 元
毛皮加工及质量鉴定 6.00 元
茸鹿饲养新技术 11.00 元
水貂养殖技术 5.50 元
实用水貂养殖技术 8.00 元
水貂标准化生产技术 7.00 元
图说高效养水貂关键技术 12.00 元
怎样提高养水貂效益 11.00 元
养狐实用新技术（修订版） 10.00 元
狐的人工授精与饲养 4.50 元
图说高效养狐关键技术 8.50 元
北极狐四季养殖新技术 7.50 元
狐标准化生产技术 7.00 元
怎样提高养狐效益 13.00 元
实用养貉技术（修订版） 5.50 元
貉标准化生产技术 7.50 元
图说高效养貉关键技术 8.00 元
乌苏里貉四季养殖新技术 11.00 元
麝鼠养殖和取香技术 4.00 元
人工养麝与取香技术 6.00 元
海狸鼠养殖技术问答（修订版） 5.50 元
冬芒狸养殖技术 4.00 元
果子狸驯养与利用 8.50 元
艾虎黄鼬养殖技术 4.00 元
毛丝鼠养殖技术 4.00 元
食用黑豚养殖与加工利用 6.00 元
家庭养猫 5.00 元
养猫驯猫与猫病防治 12.50 元
鸡鸭鹅病防治（第四